A MONSEIGNEUR
LE COMTE
DE MAUREPAS,
MINISTRE ET SECRETAIRE D'ESTAT.

ONSEIGNEUR;

*L'Ouvrage que je prends la liberté d'offrir
à VOTRE GRANDEUR, est le fruit*

des expériences que j'ai faites par ses Ordres;
il a pour objet de faire connoître plus facilement
& avec plus de certitude la Variation de la
Boussole sur Mer. S'il peut, MONSEI-
GNEUR, mériter votre approbation, j'at-
tribuerai cet heureux succès au Zele que m'ins-
pirent vos bontés & la protection dont vous
voulés bien m'honorer.

Je suis avec le plus profond respect,

MONSEIGNEUR,

DE VOTRE GRANDEUR,

Le très-humble & très-
obéïssant serviteur,
MEYNIER.

MEMOIRE

SUR

LE SUJET DU PRIX PROPOSÉ

PAR

L'ACADEMIE ROYALE DES SCIENCES

en l'année 1729.

TOUCHANT

La meilleure Méthode d'obſerver ſur Mer la Déclinaiſon de l'Eguille Aimantée, ou la Variation de la Bouſſole.

Par Monſieur M E Y N I E R *, Ingenieur du Roi pour la Marine, ci-devant Profeſſeur Royal d'Hydrographie au Havre.*

A PARIS;

De l'Imprimerie de J A C Q U E S G U E R I N, Libraire-Imprimeur, Quay des Auguſtins.

M. DCC. XXXII.

AVEC APPROBATION ET PRIVILEGE DU ROY.

PREFACE.

EN l'année 1729 l'Académie Royale des Sciences annonça dans son Assemblée publique d'après Pâques, un Prix de 2000. livres pour être délivré en 1731 à celui, qui, au jugement de l'Académie, auroit le mieux réüssi dans un Ouvrage touchant la meilleure maniere d'observer la Déclinaison ou la Variation de la Boussole sur Mer, conformément à la fondation que feu M. Rouillé de Meslay ancien Conseiller au Parlement de Paris en a faite par son Testament dans lequel il a employé les termes suivans pour exprimer les intentions qu'il a eu en faisant cette fondation : *De donner le Prix à celui, qui, au jugement de Messieurs de l'Académie aura le mieux réüssi par raison & non par éloquence à un Traité Philosophique ou à des Découvertes utiles à la Navigation sur les sujets que l'Académie aura proposé.*

Comme j'avois travaillé à un Memoire sur cette matiere, & que je m'étois flaté qu'il auroit pû concourir pour le Prix & même y avoir bonne part, parce qu'il répond à l'intention du Fondateur, je l'adressai à M. de Fontenelles Secretaire de l'Académie, conformément au Programe qui avoit été

publié ; mais ayant vû dans le même Programe
qu'il étoit défendu aux Auteurs de mettre leur nom
à leurs Ouvrages, & par conſequent de ſe faire
connoître , je pris toutes les précautions que je
crus devoir prendre pour m'y conformer : j'eus
attention à faire tranſcrire mon Memoire , de
crainte que mon écriture ne fut reconnuë dans
l'Académie, où j'ai laiſſé d'autres Ouvrages écrits
de ma main : je n'y parlois pas non plus d'un Planiſphere ou Aſtrolabe que j'ai inventé pour le même uſage, parce que l'ayant préſenté à l'Académie
en 1723, je me ſerois fait connoître en le joignant
à mon Memoire, ce que j'ay évité juſqu'après la
déciſion de l'Académie ; mais toutes ces précautions n'ont pas empêché qu'il n'ait ſubi un ſort au-
quel je ne devois pas m'attendre , & duquel pour
mon honneur j'ay cru devoir informer le Public.

Le quatre du mois d'Avril de l'année 1731
étant à Paris je me trouvai à l'Aſſemblée publique de l'Académie Royale des Sciences où
l'on annonça le Memoire qui avoit eu le Prix,
& ceux qui y avoient coucouru ; comme je vis
qu'il n'avoit pas été queſtion du mien, en ſortant
de cette Aſſemblée j'en parlai à MM. les Com.
miſſaires qui avoient été chargés de l'éxamen de
tous les Memoires à ce ſujet, & après leur avoir
déſigné le mien , ils me dirent tous qu'ils n'en
avoient eu aucune connoiſſance. J'en parlay le
lendemain à M. de Fontenelles, qui me dit qu'il

fe reffouvenoit d'avoir été averti au commencement du mois d'Août de l'année 1730 d'aller retirer de la pofte un paquet qui lui étoit adreffé,
qu'il avoit envoyé plufieurs fois pour le prendre
avec un reçû de fa main ; mais que le Commis
du Bureau lui ayant toûjours fait dire qu'il falloit
qu'il l'allât retirer lui-même pour décharger la
feüille, il l'avoit enfin oublié ; que d'ailleurs il
croit que le Commis de la Pofte eft obligé d'envoyer chés lui les Paquets qui lui font adreffés,
quoique la feüille en foit chargée. Enfin mon Memoire fut trouvé au Bureau de la Pofte dès le
lendemain de la décifion de l'Académie ; & comme j'étois dans le deffein de le faire imprimer afin
que le Public pût profiter des avantages qu'il y
trouveroit pour obferver fur Mer la Variation de
la Bouffole, je me voyois expofé à entendre dire
que j'aurois pû avoir pillé pour mon Memoire ce
qui auroit quelque rapport à celui qui a eu le
Prix, fans que j'euffe pû m'en défendre, parce que
celui-là a été public avant le mien. Monfeigneur
le Comte de Maurepas comme Miniftre d'Etat
& de la Marine, voulut bien l'envoyer à MM.
de l'Académie afin qu'ils viffent que le Paquet
n'avoit point été ouvert, & afin qu'ils en diffent
leur fentiment. Le Commis de la Pofte avoit é-
crit fur le dos ce qui fuit. *M. de Fontenelles a été
averti de venir retirer le préfent Paquet fuivant l'ufage,
le* 4. *Août* 1730. On y lifoit auffi du côté de

l'adreſſe : *Chargé du Havre*. MM. les Commiſſaires qui avoient éxaminé les autres Memoires ſur le même ſujet, furent chargés d'éxaminer auſſi le mien ; & c'eſt ſur leur rapport que l'Académie m'a fait expédier le Certificat qu'on trouvera cy-après.

On voit par ce détail que mon Memoire étoit encore à la Poſte lorſque l'Académie a prononcé ſon Jugement & annoncé celui qui avoit eu le Prix ; que par conſéquent elle n'étoit pas dans le cas de pouvoir rendre juſtice au mien, comme je ſuis perſuadé qu'elle l'auroit fait ſi auparavant elle en avoit eu connoiſſance. J'eſpere que les Marins éclairés ſur cette matiere en feront de même lorſqu'ils auront éxaminé mon Ouvrage avec un peu d'attention ; lorſqu'ils l'auront comparé avec les Méthodes qui ont été connuës avant celle que je donne, & avec l'Ouvrage qui a remporté le Prix. Je fonde cette opinion ſur les lumieres & la ſincerité que je connois dans les deux Corps ; ſur les expériences que j'ai faites par ordre du Roy en 1725 pendant un voyage de long cours au ſujet des Méthodes expliquées dans mon Memoire, leſquelles expériences m'ont fort bien réüſſi ; ſur l'approbation que m'en ont donné dans un Certificat cy-joint les Pilotes-Amiraux & autres entretenus par le Roy dans le Port de Breſt, qui ſont très-capables de décider ſur tout ce qui regarde la pratique pour connoître la Variation de la Bouſſole à la Mer, parce qu'ils ſont chargés

du

du foin de l'obferver eux-mêmes ; & fur la perfection que j'ai donné depuis à l'Inftrument.

La grande difficulté qu'on trouve fur Mer pour
obferver la Variation de la Bouffole avec quelque certitude par les Méthodes ufitées, m'a porté
à chercher des moyens pour pouvoir l'obferver
plus fouvent, & la connoître avec plus de fûreté,
afin de naviguer enfuite avec moins de rifque. Il eft
certain qu'en bien des occafions on ne l'a pas affés
connuë, & qu'elle a caufé des erreurs dans la Navigation qui ont occafionné beaucoup de naufra-
ges. MM. de la Societé Royale de Londres ont
attribué la perte de l'Efcadre Angloife comman-
dée par l'Amiral Chawel, à ce que les Pilotes
de cette Efcadre ne connoiffoient pas bien la Variation de la Bouffole fur les côtes Meridionales
d'Angleterre, & à l'entrée de la Manche. Etant
à Londres l'année derniere, plufieurs de ces Mef-
fieurs m'ont dit qu'on avoit vérifié la chofe à n'en
pas douter, entr'autres *M. Halay* fameux Aftronome dans çette Societé, Directeur de l'Obfervatoire Royal d'Angleterre, & Membre de l'Académie Royale des Sciences de Paris, qui étoit
très-capable d'en juger fainement fur le recit qui lui
en fut fait par ceux qui furent fauvés du naufrage.
Cela m'a donné occafion de raconter en abregé
ce qui m'eft arrivé à la fin du mois d'Octobre
de l'année 1725 touchant la Variation de la
Bouffole au retour du voyage que je fis cette

année là, par ordre du Roi, en Terre Neuve, dans l'Amérique Septentrionale pour faire des Expériences avec les Inſtrumens que j'avois inventé pour l'uſage de la Marine, du nombre deſquels étoit celui de la Variation de la Bouſſole. J'étois embàrqué dans un Vaiſſeau de SA MAJESTE', nommé l'*Eliſabeth*, commandé par *M. de Benneville Salaberri*, aujourd'hui Chef d'Eſcadre.

Comme nous n'étions plus éloignés que d'environ 50 à 55 lieuës de Breſt par ſa Latitude, j'obſervai la Variation de la Bouſſole à l'Etoile Polaire vers les 10 heures du ſoir, en preſence de Meſſieurs les Officiers qui étoient de quart & des Pilotes, je me ſervis pour cela d'un Inſtrument conſtruit ſur les principes de celui que j'explique dans ce Memoire par le détail de ſa conſtruction & de ſes uſages. Je trouvai que la Bouſſole varioit à cet endroit là environ 13 degrés vers l'Oueſt. Tous les Pilotes du Vaiſſeau ſe recrierent là-deſſus, & dirent qu'ils n'en eſtimoient que 8 ou 9 degrés dans ce même endroit; ce qui me donna occaſion de réïterer l'obſervation pluſieurs fois; mais ayant toûjours trouvé à peu près la même choſe, je commençai à croire que mes obſervations pouvoient être plus certaines que l'eſtime des Pilotes; j'en rendis compte d'abord à M. *de Benneville*, en le priant d'ordonner aux Pilotes d'en faire une notte; afin que lorſqu'on ſeroit arrivé à terre, on pût ſe convraincre du pour ou du contre par des obfervations qu'on y feroit avec le même Inftrument, & avec d'autres Bouffoles : l'ordre leur en fut donné en ma prefence. Etant arrivé à Breft, j'en rendis compte à M. *de Champmeflin*, Lieutenant Général des Armées Navales, qui commandoit pour lors dans ce Port; il ordonna à tous les Pilotes de fe rendre chez moi lorfque les Etoiles paroîtroient, afin de s'inftruire de ma maniere d'obferver la Variation de la Bouffole à l'Etoile Polaire; ils y vinrent tous le même foir, & comme le Ciel étoit ferein, je fis porter l'Inftrument au milieu de la place & leur ayant fait voir une feule fois la maniere de faire l'obfervation, ils la firent enfuite eux-mêmes, & trouverent tous environ 13. degrés de Variation Nord-Oueft; ils me donnerent le lendemain le Certificat ci-joint.

Je fus auffi chez *le R. P. le Brun*, Jefuite, Profeffeur Royal des Mathématiques pour MM. les Gardes-Marines, afin de connoître fur une Meridiene qu'il a tracée dans fon Obfervatoire, fi la Bouffole dont je m'étois fervi aux obfervations que j'en avois fait à la Mer avec l'Inftrument que j'ai inventé à ce fujet, s'étoit dérangée pendant la Campagne, & fi elle marqueroit encore la même Variation que les autres Bouffoles. Nous alignâmes plufieurs fois fur cette Meridienne le fil horifontale de cette Bouffole qui paffe par le centre de la Rofe, & nous trouvâmes toûjours environ 13.

degrés de Variation Nord-Oueſt. Le R. Pere avoit chez lui deux autres Bouſſoles en cuivre fort bien faites, dont l'une étoit de *Butterfield*, nous les alignâmes auſſi à la Meridienne, & elles nous donnerent la même Variation, c'eſt-à-dire environ 13 degrés Nord-Oueſt. Pour lors je ne doutai plus que les obſervations que j'avois faites à la Mer environ à 50 ou 55 lieuës de Breſt, ne fuſſent bonnes, & qu'il n'y eut en cet endroit là environ 13 degrés de Variation Nord-Oueſt, comme je l'y avois obſervé.

Lorſque nous eumes vû la terre de l'Iſle d'O-veſſant, je remarquai que ſi en partant de l'endroit où j'avois obſervé environ 13 degrés de Variation Nord-Oueſt, on avoit compté ſur cette Variation, au lieu de compter ſur celle de 8 ou 9 degrés que les Pilotes en eſtimoient, qui font une difference au moins de 4 degrés, on auroit aterré devant Breſt bien plus juſte qu'on ne le fit, & nous ſerions arrivés plûtôt dans la Rade, parce que nous n'aurions pas donné dans la Manche; car étant à la Mer par la Latitude de Breſt à la diſtance d'environ 55 lieuës, en partant de cet endroit là pour venir reconnoître l'Iſle d'Oveſ-ſant; & ſe trouver à l'entrée de l'Yroiſe, ſi on compte ſeulement ſur 4. degrés de Variation Nord-Oueſt de moins qu'il n'y en aura en effet, on doit toûjours ſe trouver plus Nord ſur la fin de la route de plus de 3 lieuës & demie, & par conſequent arriver dans la Manche, au lieu d'arri-

ver dans l'Yroife. Ainfi on ne doit pas attribuer à
un courant inconnu ce qui eft arrivé par une caufe
auffi évidente, étant hors de doute qu'il y avoit
alors environ 13 degrés de Variation Nord-Oueft
à cet endroit là & à Breft. Je ne blâme cependant point les Pilotes du Vaiffeau où j'étois embarqué, de n'avoir pas voulu s'en rapporter aux
premieres expériences de mes obfervations, cela
étoit même prudent à eux, l'ufage en étoit trop
nouveau pour qu'ils deuffent d'abord le fuivre ;
je ne l'aurois pas fait moi-même dans ce tems-
là ; je m'en ferois feulement fervi pour venir reconnoître l'Ifle d'Oveffant avec moins de confiance, à caufe des broüillards épais qui regnoient
alors, parce que je n'avois pas encore eu occafion
de comparer les obfervations faites à la Mer avec
cet Inftrument, à des obfervations faites à terre
avec le même Inftrument, comme je fis en arri-
vant à Breft, après avoir reconnu à l'Obfervatoire
du *R. P. le Brun*, que la Bouffole de cet Inftrument ne s'étoit pas dérangée pendant la Campagne ; laquelle comparaifon ayant été faite au-
tentiquement de la maniere que je viens de le
dire, fait voir qu'on peut s'en rapporter aux obfervations qu'on fera avec cet Inftrument pour
connoître la Variation de la Bouffole fur Mer,
& y avoir plus de confiance qu'à celle qu'on fait
par les voyes ordinaires, d'autant mieux qu'on
peut les réiterer pendant la même nuit à tout mo-
ment, & s'en affûrer par là beaucoup mieux ; ce

qu'on ne peut pas faire de même par les Méthodes ordinaires.

La plûpart des Pilotes corrigent la Variation
de la Bouſſole, aſſés ordinairement par leurs anciennes obſervations, ou par celles de leurs Camarades, qu'ils auront eu occaſion de faire en tems
calme ; c'eſt ce que j'ai entendu dire à pluſieurs
de ceux qui ont beaucoup pratiqué la Mer à qui
j'eus bien de la peine à perſuader que la Variation de la Bouſſole change continuellement en
tous les endroits de la terre, qu'elle étoit autrefois à Paris de 15 degrés Nord-Eſt , c'eſt-à-dire,
du Nord vers l'Eſt, & qu'elle y eſt à préſent de
plus de 14 degrés Nord-Oueſt, c'eſt-à-dire , du
Nord vers l'Oueſt, ce qui fait une difference de
près de 30 degrés. Je ſuis cependant perſuadé
que quoique la Variation de la Bouſſole fut alors
d'environ 13 degrés à cet endroit là & à l'entrée de
la Manche, qu'elle pouvoit n'y être que de 8 ou 9
degrés 20 ou 25 ans auparavant, comme pluſieurs
Pilotesm'ont dit l'y avoir obſervé alors en tems
calme ; puiſque par les obſervations que j'en ai faites au Havre en differentes années , j'ai reconnu , à
n'en pas douter, qu'elle y a augmenté ſenſiblement d'une année à l'autre.

J'ai mis par addition à la ſuite de mon Memoire l'explication & les uſages du Planiſphere que
j'ai inventé pour trouver à toutes les heures du
jour & de la nuit la difference entre la hauteur
du Pole & la hauteur de l'Etoile Polaire , la

Déclinaifon Meridionale de cette Etoile, l'heure
de fon paffage par le Meridien, & l'heure du paffage par le Meridien de toutes les autres Etoiles
qui font fur ce Planifphere, & même de toutes
les Etoiles en général, en connoiffant feulement
l'afcenfion droite de celles qui ne font pas fur le
Planifphere. Cet Inftrument fervira auffi pour apprendre facilement à connoître dans le Ciel les
Etoiles des Conftellations qui font autour du Pole Arctique, & pour trouver l'heure à ces mêmes Etoiles pendant la nuit. J'y ai joint de même les Tables de l'Etoile Polaire pour trouver
à chaque jour de l'année fon paffage par le Meridien, & à toutes les heures du jour fa Déclinaifon horifontale, & la hauteur du Pole en tous
les lieux de la terre, calculées par M. *de Caffiny*, de
l'Académie Royale des Sciences, avec l'explication qu'il en a donné dans l'Hiftoire de l'Académie
où elles font inferées. Comme lorfque j'eus pré-
fenté mon Planifphere à l'Académie Royale des
Sciences en l'année 1723, M. *de Caffiny* me fit remarquer qu'il ne donnoit pas la Déclinaifon horifontale de l'Etoile Polaire, j'ai démontré dans
l'addition ci jointe qu'on la trouvera facilement
par une feule regle de proportion de laquelle j'ai
donné l'Analogie.

J'ai feparé cet ouvrage en deux Parties : la premiere renferme uniquement le Memoire qui a
été examiné par l'Académie Royale des Sciences fans que j'y aye fait aucun changement; la

feconde renferme une addition que j'ai fait au Memoire touchant l'explication & les ufages du Planifphere mentionné ci-deffus, avec une Table à fon ufage pour l'Afcenfion droite, & la Déclinaifon des principales Etoiles fixes de la premiere & feconde grandeur, & quelques-unes de la troifiéme, avec les Variations de leur Déclinaifon & de leur Afcenfion droite de 10 en 10 ans depuis l'année 1730. J'ai extrait cette Table du Catalogue des Etoiles fixes de *Flamfteed*, elle fervira tout le refte de ce fiecle pour trouver fur le Planifphere la hauteur du Pole, en connoiffant la hauteur Meridienne de quelques-unes de ces Etoiles, qu'on pourra obferver affés fouvent fur Mer fans beaucoup de peine, lorfque l'horifon fera vifible à mefure qu'on trouvera fur le Planifphere l'heure de leur paffage au Meridien pour quelque jour que ce foit de l'année ; elle renferme auffi les Tables de *M. de Caffiny* pour l'Etoile Polaire, avec leur explication & ufages.

On ne doit pas être furpris des fréquentes répetitions qu'on trouvera dans cet Ouvrage ; je les ai crû néceffaires pour me rendre plus intelligible aux Pilotes, & par cette même raifon j'ai employé les termes, qui en general font les plus connus parmi eux.

J'ay très-fouvent négligé les fecondes dans les calculs, parce qu'outre qu'elles feroient inutiles à mon fujet, la pratique n'y fçauroit atteindre à la Mer.   APPRO-

APPROBATION

D E

L'ACADEMIE ROYALE

DES SCIENCES.

EXTRAIT DES REGISTRES
de l'Académie Royale des Sciences.

Du 13. Juin 1731.

MEssieurs Cassini, Saurin, de Mairan, Nicole, et Pitot, qui avoient été nommés pour examiner un Memoire de Monſieur Meynier Ingenieur du Roi pour la Marine, ſur la meilleure maniere d'obſerver en Mer la Déclinaiſon de l'Aiguille Aimantée, en ayant fait leur rapport, & ayant dit,

Que comme les Méthodes dont les Pilotes ſe ſervent pour obſerver la Déclinaiſon de la Bouſ-ſole ſur Mer ſont fort ſujettes à erreur, Monſieur Meynier commence ſon Memoire par l'explica-tion des principales cauſes de ces erreurs ; & que pour y remedier il donne enſuite la deſcription & la conſtruction d'un nouveau compas de Va-

c

riation, qui eſt conſtruit de ſorte que par le moyen
d'un cercle de cuivre vertical, dont le plan paſſe
par le centre de la Bouſſole ; un homme ſeul peut
faire des obſervations au Soleil & à tous les Aſtres
depuis l'horiſon juſqu'à environ 20 degrés d'élevation verticale. Que par le moyen d'une fente
pratiquée dans l'épaiſſeur du Cercle vertical, &
qui ſert de Pinule à l'Inſtrument, l'Obſervateur
peut voir preſque en même-tems l'Aſtre & le
degré de la Bouſſole marqué par un fil horiſontal tendu directement dans le Plan de ce même
Cercle ſous le verre qui couvre la Roſe & l'Aiguille ; que deux hommes peuvent faire les
mêmes obſervations à tous les Aſtres qui ſont depuis l'horiſon juſqu'à plus de 60 degrés de l'é-
levation, & que comme les Marins acquierent
l'habitude de ſe tenir toûjours en équilibre ſur un
Vaiſſeau, enſorte que les roulis & autres mouvemens d'un Vaiſſeau ne les incommodent point,
ou très-peu, Monſieur Meynier profite de tous
ces avantages par la façon dont il ſuſpend &
ſoutient ſon Inſtrument, ce qui n'eſt autre choſe qu'un ſeul ſupport de bois qui appuye ſur le
Pont par une pointe de fer pour l'empêcher de
gliſſer ; & dont la hauteur eſt telle que la fente du
Cercle vertical qui ſert de Pinule, ſe trouve toûjours à la hauteur de l'œil de l'Obſervateur lorſqu'il eſt debout ; que par le moyen de ce ſupport l'Obſervateur ſert d'appui à l'Inſtrument en

le tenant entre ſes mains , & l'Inſtrument ſert d'appui à l'Obſervateur même. Que pour peu que l'Inſtrument ſorte de ſon à plomb ou de ſon équilibre, l'Obſervateur en eſt averti par le poids qu'il ſent entre ſes mains : & comme il faut néceſſairement connoître l'Aſimuth des Etoiles pour l'élevation du Pole où on ſe trouve & l'heure de l'obſervation, Monſieur Meynier donne dans pluſieurs problemes les Méthodes néceſſaires pour les calculer.

La Compagnie a jugé que l'Inſtrument de Monſieur Meynier eſt très-propre pour ſauver une grande partie des défauts preſque inévitables des Méthodes ordinaires : Que la promptitude avec laquelle un Obſervateur peut voir l'Aſtre & le degré de cet Inſtrument, eſt une des choſes les plus importantes pour obſerver ſur Mer avec quelque éxactitude. Que la ſuſpenſion ingenieuſe & ſimple qu'il donne à l'Inſtrument n'eſt pas moins importante. Qu'on pourra de cette façon obſerver la Déclinaiſon de la Bouſſole beaucoup plus commodément & plus exactement que par toutes les Méthodes qui ſont ordinairement en uſage, tant par le Soleil que par les Etoiles fixes. Et qu'enfin Monſieur Meynier a fait paroître dans cet Ouvrage ſa grande ſagacité naturelle pour les inventions Méchaniques dont il a donné de bonnes preuves en pluſieurs occaſions, & parti-

xx

culierement en relevant un Vaisseau submergé depuis plusieurs années à l'embouchure de la Charante. En foi de quoi j'ai signé le présent Certificat, à Paris ce 23. Juin 1731.

Signé, FONTENELLES, Secretaire perpetuel de l'Académie Royalle des Sciences.

CERTIFICAT DE M. DE BENNEVILLE,
Chef d'Escadre des Armées Navalles de Sa Majesté.

NOus souffigné Chef d'Escadre des Armées Navalles de Sa Majesté , certifions que Monfieur Meynier Ingenieur du Roi pour la Marine , nous ayant communiqué un Traité qu'il a fait au fujet de la Variation de la Bouffole , nous avons reconnu que ce qu'il dit dans la Préface de cet Ouvrage touchant les obfervations qu'il fit à l'Etoile Polaire , au retour du voyage de Terre-Neuve en l'Amérique Septentrionale , étant embarqué dans le Vaiffeau du Roi l'*Elifabeth* , que nous commandions, eft veritable ; & que l'Inftrument qu'il a inventé à ce fujet, & perfectionné depuis, fera fort utile à la Marine. Fait à Paris le 12. Novembre 1731.

Signé , DE BENNEVILLE.

APPROBATION DES PILOTES.

NOus fouffignés Pilotes-Amiraux, & autres entretenus du Roi, certifions que l'Inftrument de Monfieur Meynier pour obferver la Variation de la Bouffole pendant toute la nuit xxij

à l'Etoile Polaire, peut servir aussi à relever les
terres & les Navires à la Mer avec beaucoup de
précision, & qu'il sera fort utile à la Navigation,
de même que son Planisphere ; en foi de quoi
nous avons signé le présent Certificat. Fait à
Brest le 31. Octobre 1725. *Signé*, BOISOUZE
LIARD, *premier Pilote-Amiral*, MICHOT *Pilote-
Amiral*, TOUSSAINT MAUPIN *Pilote - Vice-
Amiral*, ALEXANDRE MAUPIN *Pilote entretenu*,
AUBIN CLOIREC *Pilote entretenu*, SANE' *Pilote entretenu*.

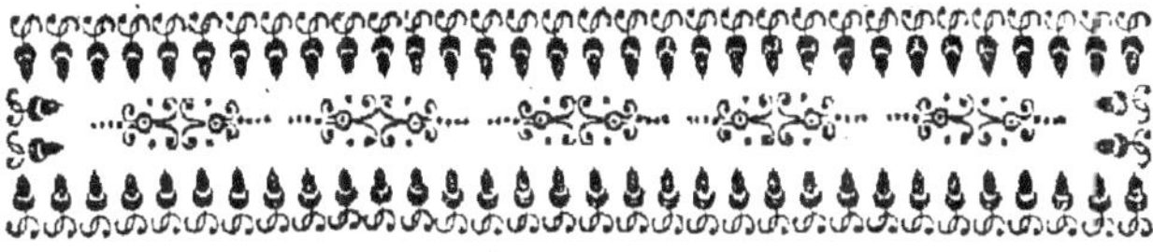

AVERTISSEMENT.

COmme dans ce Livre on ne peut mettre le Planisphere qu'en feüille, & que pour pouvoir en faire usage il faut nécessairement le coler sur du carton & le découper ensuite sur la circonference, qui sépare les heures, des jours des mois, laquelle circonference est marquée d'un trait beaucoup plus fort à ce dessein, & qu'après avoir ainsi séparé les heures du reste du Planisphere, il faut les coler sur un second carton beaucoup plus fort & arrêter sur ce second carton la plaque qui porte les étoiles de maniere qu'elle puisse tourner librement sur le centre des heures & sur son propre centre, qui répresente le Pole du Nord; sur lequel centre on met un crin ou une soye pour servir aux usages de cet Instrument, comme on le trouvera amplement expliqué;

Ceux qui ne voudront pas se donner la peine d'ajuster ce Planisphere en carton, en trouveront de tous prêts chés le Libraire qui vend

 AVERTISSEMENT.

féparément le Livre & le Planifphere en feüille ou en carton. Le Planifphere en feüille fe vend 10. fols, & en carton 2. livres.

Jufques à préfent on n'a pas connu de Cadran pour trouver l'heure aux étoiles, qui foit auffi éxact que ce Planifphere.

MEMOIRE

MEMOIRE

Touchant la meilleure maniere d'observer la déclinaison de l'Eguille Aimantée sur Mer.

PREMIERE PARTIE.

VANT que de parler d'un Instrument qu'on a inventé à ce sujet, il est à propos de donner la figure, l'explication, & les usages de ceux que les Pilotes mettent en pratique à cette occasion, lorsqu'ils sont à la Mer.

La figure premiere représente la Boussole dont les Pilotes se servent pour observer la déclinaison de l'Eguille Aimantée sur les Vaisseaux du Roy, & sur les Vaisseaux Marchands. I B C est la rose de la Boussole mobile sur un pivot qui la porte sous le centre B. La pointe de l'Eguille Aimantée qui doit se tourner vers le Nord, est

A

placée précifement en I. fous la fleur de lys. L A H E eft
la boëte qui renferme la rofe où font marqués les dégrés ;
cette boëte eft couverte d'un verre. N , P font deux petites
fenêtres diametralement oppofées , garnies d'un verre. A
C & D E font deux fils placés verticalement près des
verres au milieu des fenêtres; ils doivent être diametralement oppofés aux dégrés de la Bouffole , pour répondre enfemble à la pointe du pivot qui porte l'Eguille Aimantée en
B. A D eft un fil placé horifontalement au-deffous du verre
qui couvre la Bouffole , & qui doit auffi répondre à la pointe
du pivot qui porte l'Eguille Aimantée , & en même-tems
aux deux autres fils verticaux. L , H font deux pivots attachés à la boëte , & diametralement oppofés à la même boëte
ponr la tenir fufpenduë , dans une feconde boëte L A
H E, figure deuxiéme , de même que la lampe de cardan par
le moyen du balancier de cuivre A I L M qui eft porté
dans la feconde boëte par les pivots A , L qui font attachés
à cette boëte : ce balancier porte fur les deux points I , M les
deux pivots L , H de la premiere boëte , figure 1 , ce qui la
tient fufpenduë dans la feconde boëte ; de maniere que les
deux fenêtres de l'une répondent aux deux fenêtres de l'autre pour la liberté de la vûë dans le tems de l'obfervation.

Cet Inftrument étant difpofé de même , les gens de Mer
lui ont donné le nom de *Compas de variation* , fans doute
parce qu'ils appellent Compas toutes les Bouffoles dont ils
fe fervent fur les Vaiffeaux , & parce que celle-là , leur fert
uniquement pour obferver la déclinaifon de l'Eguille Aimantée qu'ils appellent fimplement Variation.

Il y a des Pilotes , qui en place des deux fils au-devant des
petites fenêtres , mettent fur le bord fupérieur de la boëte
deux pinules comme celles qui font repréfentées dans les
figures 3 & 4. Ils mettent du côté de l'œil celle de la figure 4 qui eft ouverte dans le milieu par une fente ; ils mettent au côté oppofé celle de la figure 3 qui porte un fil
dans le milieu de fa fenêtre , lequel fil avec la fente de la
premiere pinule , doivent être diametralement oppofés aux

dégrés de la Boussole, & répondre ensemble au pivot qui porte l'Eguille Aimantée en B, de même que les fils des deux petites fenêtres; il y a de ces Boussoles à boëte ronde & d'autres à boëte carré, ce qui est assés indifferent.

On est fort en usage en France de faire les boëtes des Boussoles en bois sans faire attention que le bois se dejette continuellement, que les boëtes rondes deviennent ovales, & que les quarrées perdent leurs figures regulieres, à mesure que les parties du bois sont sensibles à la secheresse & à l'humidité, & plus les unes que les autres, car une même planche de bois en diminuant ou augmentant sa largeur par la secheresse ou par l'humidité, comme on le remarque à toutes les planches, ne diminuë ou n'augmente pas également sur toute sa superficie; l'aubier & le bois qui en est le plus proche, sont plus sensibles à ce changement que les autres parties du bois qui sont plus proches du cœur ou des nœuds de l'arbre, parce que ces dernieres parties sont moins poreuses que les premieres; ce qui dérange le pivot qui porte l'Eguille Aimantée de la direction du fil horisontal, & de celle des fils verticaux, qui par la même raison peuvent aussi se déranger entr'eux, de maniere que ne répondant plus au pivot qui porte l'Eguille Aimantée, la Boussole ne marque pas le même dégré, sa boëte étant toûjours orientée Nord & Sud; & par cette raison quoique les fils horisontaux ou verticaux de plusieurs Boussoles répondissent tous au même dégré, lorsque le Pilote a verifié les Boussoles avant que de les embarquer, elles n'y répondent pas toûjours de même pendant la campagne, ce que les Marins ont attribué jusqu'à présent à une diminution de la vertu magnetique, qu'ils ont crû plus sensible dans une Boussole que dans une autre.

Pour corriger ce défaut, il seroit donc necessaire de faire la boëte des Boussoles en cuivre, la plûpart des Anglois en ont de même, ils n'en ont presque plus en bois; c'est une erreur de croire qu'il pourroit y avoir du fer dans le cuivre capable de faire varier l'Eguille Aimantée, si cela

étoit, une semblable Boussole varieroit à terre de même, &
on le reconnoîtroit facilement en la verifiant plusieurs fois
sur une même ligne meridiene ou autre, ce qu'on n'a pas
reconnu aux petites Boussoles à boëte de cuivre, qui sont
faites par les faiseurs d'instrumens de Mathematique, & si
ce doute étoit fondé, il auroit également lieu pour les
Boussoles à boëte de bois, qui sont toutes suspenduës avec
des cercles de cuivre; que si c'est par œconomie qu'on fait
ces boëtes avec du bois, elle est très-mal fondée, en ce
que la Boussole est la seule chose qui sert de guide pour
conduire les Vaisseaux en pleine Mer, & à laquelle l'on de-
vroit par consequent avoir le plus d'attention pour lui pro-
curer toute la perfection possible; d'ailleurs cette œconomie n'est presque rien si on la compare à la dépense qu'il faut
faire pour équiper un Vaisseau de tout ce qui est nécessaire
pour une campagne, & aux accidens dangereux que peut
causer une mauvaise Boussole.

*Usage des Boussoles précedentes pour connoître la décli-
naison de l'Eguille Aimantée sur Mer.*

La Boussole étant disposée comme il a été dit avec deux
fils au-dèvant des deux petites fenêtres, ou avec deux pinules au-dessus de la boëte, les Pilotes s'en servent pour
observer la déclinaison de l'Eguille Aimantée de plusieurs
manieres differentes; comme à l'heure du midy en exposant la Boussole au soleil, & en la tournant jusqu'à ce que
l'ombre du fil horisontal A D passe par le centre de la rose
au point B. pour lors il est évident que si l'observation se
faisoit à l'heure du midy juste, & que l'ombre tombât pré-
cisément sur le centre de la rose de la Boussole; l'arc qui
se trouveroit dans ce tems-là sur la circonference de la rose
entre l'ombre du fil & la fleur de lis, seroit celui de la déclinaison de l'Eguille Aimantée; parce qu'à l'heure du midy
l'ombre du fil faite par les rayons du soleil, est exactement

dans le meridien ; & par conféquent la déclinaifon de l'E-guille Aimantée feroit égale à cet arc , & du côté oppofé au fil, eu égard à la fleur de lis de la Bouffole ; c'eft-à-dire, que le fil étant du Nord vers l'Eft de la fleur de lis, la dé-clinaifon de la Bouffole feroit du Nord vers l'Oueft , & au contraire le fil étant du Nord vers l'Oueft de la fleur de lis, la déclinaifon feroit du Nord vers l'Eft. Mais parce qu'en ne connoît l'heure du midy à la Mer que par la plus gran-de hauteur du foleil fur l'orifon, & que quelque tems de-vant & quelque tems après midy cette hauteur ne change pas affés fenfiblement pour qu'on puiffe s'en appercevoir fûrement à la Mer, & que le fil qui doit faire ombre fur le centre de la Bouffole , en eft fi proche, que quoiqu'on faffe marquer au fil fur la rofe plufieurs dégrés de plus ou de moins, le fil paroît toûjours paffer fur le centre de la rofe, parce que le mouvement de cette ombre fur ce centre , provient d'un objet dont le rayon du cercle eft égal à la diftance du fil au centre de la rofe , laquelle diftance étant fort petite, l'intervale des dégrés eft fi court qu'au moin-dre mouvement du Vaiffeau on s'y trompe facilement de plufieurs dégrés, comme on le remarque ordinairement à la Mer, que fi on élevoit ce fil par exemple de cinq à fix pouces au-deffus de la rofe, pour lors quoique la rofe s'en-tretint horifontalement fur fon pivot, pour peu que la boëte qui porte le fil inclinât par le mouvement du Vaiffeau, com-me il arrive prefque toûjours, l'ombre de ce fil ne fe ren-contreroit plus dans le même plan perpendiculaire à l'orifon avec le centre de la Bouffole , ce qui cauferoit des erreurs encore plus confiderables ; de forte que ces obfervations ne doivent être juftes que par hazard , ce qui fait que quoi-qu'on ne les mette en pratique à la Mer que lorfque le tems eft très-beau , on ne s'y fie pas ordinairement.

La maniere qui fe pratique à la Mer pour connoître la déclinaifon de l'Eguille Aimantée avec cette Bouffole, eft par l'amplitude tant orientale qu'occidentale du foleil. Il eft à remarquer qu'un feul homme ne peut pas faire l'obfervation,

& qu'il faut neceffairement être deux, l'un pour être attentif
à diriger les deux fils à l'aftre lorfqu'il eft à l'horifon, & l'autre pour obferver en même-tems fur la rofe de la Bouffole
le dégré qui répond au fil horifontal : car le premier en en-
tretenant les fils ou les pinules dirigées à l'aftre, ne fçauroit
voir dans le même tems affés diftinctement les dégrés de
la rofe de la Bouffole, tant à caufe du mouvement du Vaiffeau qui fait incliner la rofe, & la boëte, tantôt d'un côté,
tantôt de l'autre, que parce qu'il ne peut voir la fuperficie
de la rofe où font marqués les dégrés que très obliquement,
à caufe que les pinules ne font élevées qu'environ deux pouces au-deffus de la Bouffole; il faut donc que dans le tems
que l'un eft attentif à diriger les fils ou les pinules au foleil,
l'autre foit placé de maniere qu'il puiffe voir par-deffus le
fil horifontal A D, figure 1. le dégré qui fe trouve fous ce
même fil, afin qu'il retienne dans fa memoire celui qui y
répond lorfque l'Obfervateur qui vife à l'aftre avertit que
les deux fils y font dirigés, & à chaque fois que celui-ci
avertit, l'autre doit être attentif à remarquer de combien le
fil a été écarté du meme dégré, afin de prendre à peu près
le milieu des differences qu'il aura eftimées pour déterminer l'obfervation, car on eft toûjours reduit à cette pratique
à caufe du mouvement du Vaiffeau, mais comme l'aftre
n'eft que très peu de tems à l'horifon, affés fouvent le mouvement du Vaiffeau ne permet pas de faire l'obfervation à
pouvoir s'y fier, parce qu'au moindre roulis ou tanyage,
l'Obfervateur ne fçauroit fuivre l'aftre avec les fils ou pinules de la Bouffole qui n'eft appuyée que fur le plat bord
du Vaiffeau, ou fur quelque corps qui lui eft adherant; ce
qui fait que la boëte de la Bouffole enfuit tous les mouvemens qui dérangent beaucoup l'obfervation, parce que tantôt le foleil ne peut être veu par la fenêtre qui eft du côté
de l'Obfervateur que beaucoup au-deffus, ou aux côtés de
la fenêtre oppofée, à caufe du mouvement, comme lorfque le Vaiffeau eft incliné du côté du foleil ou à la droite,
ou à la gauche de l'Obfervateur lorfqu'il fait l'obfervation;

& tantôt le foleil ne fçauroit être vû en aucune façon , comme lorfque le Vaiffeau eft incliné du côté oppofé au foleil d'une certaine quantité , ce qui fe remarque ordinairement à la Mer en faifant ces obfervations.

Pratique de la plûpart des Pilotes pour vouloir remedier aux mouvemens que le Vaiffeau imprime à la boëte de la Bouffole lorfqu'ils obfervent la déclinaifon de l'Eguille Aimantée.

La plûpart des Pilotes mettent un petit tas de hardes fous la boëte de la Bouffole, & tenant enfuite la boëte entre les deux mains, ils lui procurent une efpece de mouvement de genoüil à mefure que les hardes obéïffent fous la boëte en pefant plus ou moins fur un côté que fur l'autre afin de remedier par là à une partie des differentes inclinaifons que le Vaiffeau lui procure. J'ai éprouvé fort fouvent à la Mer que cette précaution n'eft point inutile quoique très groffiere ; ce qui m'a porté à croire que le Pere de Chales, qui connoiffoit la Mer, avoit eu raifon de dire aux pages 92. & 101. de fon livre intitulé l'*Art de Naviger* parlant de la maniere d'obferver la déclinaifon de l'Eguille Aimantée avec une des Bouffoles dont il a été parlé ci-devant, qu'il voudroit que la Bouffole fe pût fufpendre & fe tenir à la main, & qu'il approuvoit d'avantage les deux pinules fur le bord de la boëte.

Outre qu'on regarde la plûpart des obfervations à la Mer pour connoître la déclinaifon de la Bouffole, comme peu fûres, on ne pût pas les faire frequemment, parce que les trois quarts du tems le foleil n'eft pas vifible à l'horifon, & qu'on eft fouvent des femaines entieres, & quelquefois plus long-tems fans pouvoir l'y voir : il eft d'ailleurs évident que les deux fils A C, D E, figure 1. ou les pinules des figures 3 & 4 ne peuvent fervir que pour faire des obfervations près de l'horifon, quand même on mettroit les pinules beaucoup plus longues qu'on ne les met ordinairement.

Ceux qui ont propofé d'obferver la déclinaifon de la Bouffole aux aftres lorfqu'ils font au meridien , & même ailleurs, en connoiffant leur azimuth à l'heure de l'obfervation, & en fe fervant d'un plomb attaché au bout d'une petite ficelle pour lui faire couper l'aftre , & en même tems le centre de la Bouffole placée fur le pont, & éclairée avec une lumiere pendant la nuit, ne l'avoient pas éprouvé à la Mer, l'experience fait voir que cette obfervation n'y eft pas praticable à caufe du mouvement du Vaiffeau qui ne permet pas à l'Obfervateur de pouvoir ajufter la ficelle , l'étoile & le centre de la Bouffole dans un même vertical, comme il feroit néceffaire ; je ne parle pas de toutes les autres manieres connuës pour obferver la déclinaifon de l'Eguille Aimantée , parce qu'on ne fçauroit les mettre en pratique avec certitude fur Mer.

Explication d'un nouvel Inftrument pour pouvoir obferver plus fouvent qu'on ne fait , & avec plus d'exactitude , la déclinaifon de l'Eguille Aimantée , ou la variation de la Bouffole fur Mer.

Le peu d'obfervations qu'on peut faire au foleil lorfqu'il eft à l'horifon avec leur peu d'exactitude pour la plûpart , & la grande difficulté qu'il y a de pouvoir diftinguer les étoiles à l'horifon , à caufe des exhalaifons de la Mer, m'ont donné occafion d'inventer un Inftrument, par le moyen duquel une feule perfonne puiffe obferver la déclinaifon de l'Eguille Aimantée au foleil lorfqu'il eft à l'horifon , & qui pourra fervir auffi pour obferver la même déclinaifon aux étoiles dépuis l'horifon jufqu'à environ 60. dégrés d'élevation , & même plus, de maniere qu'on pourra faire cette obfervation pendant toute la nuit avec cet Inftrument.

De

De la figure de l'Instrument.

Cet Instrument consiste en une Boussole de Mer ordinaire
D A C L, figure 9, placée dans un cercle de cuivre A
I G de maniere que le plan du cercle soit perpendiculaire
à la superficie de la rose de la Boussole, où sont marqués
les dégrés, de même que les fils ou pinules dont on a parlé;
on donnera ci-après la maniere de le faire. Le diametre de
ce cercle peut avoir environ 15 pouces sur 15 lignes de
largeur, & environ demie ligne d'épaisseur; on pourroit le
faire cependant plus ou moins grand selon la grandeur de
la Boussole qu'on voudroit y placer dedans : la boëte de la
Boussole doit être bien stable dans ce cercle, afin qu'elle
ne puisse pas s'y déranger dans le tems de l'observation.

De la construction de l'Instrument.

La figure 7, représente un quarré formé de deux pieces
de bois O G, D F, égales & rectangles sur tous leurs côtés,
de 7 pouces de longueur sur 3 pouces & demi en quarré,
assemblées en D G, & affermies ensemble par deux chevilles
de cuivre P F, qui doivent traverser les deux pieces, &
être tarodées par le bout, afin que par le moyen d'un écrou
elles maintiennent solidement les deux pieces O G, D F,
sans qu'elles puissent se séparer ni se déranger. On arrêtera
le cercle de cuivre entre ces deux pieces, de maniere que
le plan du cercle soit perpendiculaire sur la superficie du
quarré O L. On placera ensuite la Boussole D A C L,
figure 8, sur la superficie O L, figure 7, par le moyen de
deux petites pates de cuivre attachées au fond de la boëte
exterieure de la Boussole en dehors, comme on le voit en
L, figure 8. & arrêtée sur la piece O L, figure 7, par le
moyen des tenons O & L. Le cercle de cuivre A O G,
figure 5 doit être enchassé juste de son épaisseur dans l'une
des susdites pieces comme Q G afin que l'autre piece D

F étant appliquée contre la piece Q G, le cercle se trouve fixe entre les deux pieces, & sa superficie perpendiculaire au plan superieur du quarré Q F, ce qui doit arriver nécessairement, les deux pieces étant égales & rectangles sur tous leurs côtés. La piece D F n'est que ponctuée dans cette figure, afin de voir plus distinctement de quelle maniere le cercle doit être arrêté entre ces deux pieces & traversé par les deux chevilles P F.

On peut aussi pratiquer une fente au milieu de l'épaisseur du cercle de cuivre pour servir de pinule du côté de l'œil, en mettant une portion de ce même cercle, comme B C, figure 6, entre deux autres portions de cercle arrêtées solidement par les bouts avec le cercle, de maniere qu'elles ne le débordent d'aucun côté, & que la longueur de l'une n'excede pas la longueur de l'autre, afin qu'en perçant ensuite le tout ensemble de quatre trous vers B, & autant vers C on puisse mettre des chevilles dans ces trous pour tenir solidement les deux portions du cercle contre le cercle. Avant que de river aucune des chevilles lors qu'elles seront en place, si on démonte une des portions de cercle pour pouvoir couper & enlever la partie du cercle près des chevilles depuis B jusqu'en C, & qu'on rive ensuite les chevilles après avoir remis en place la portion de cercle, pour lors les deux portions de cercle formeront entr'elles une fente qui sera une pinule de toute la longueur de la partie du cercle qu'on aura ôté, & dans ce tems-là l'autre côté du cercle étant regardé par cette fente ou pinule, ne paroîtra que comme un fil d'une demie ligne d'épaisseur. Dans la figure 8, B T est un fil horisontal placé sur le verre qui doit être dans la superfice du cercle. R S est un second fil horisontal qui est aussi sous le verre, & qui coupe ce premier à angles droits au point qui répond au centre de la rose.

Le cercle A I G, figure 9, étant disposé comme il a été dit au milieu du quarré O F, figure 7, on placera la boëte de la Boussole D A C L, figure 8, dans le cercle A I G, figure 9, sur ce même quarré en ayant attention avant que de l'arrêter, de l'avancer ou de la reculer jufqu'à ce que le plan du cercle foit perpendiculaire à la rofe horifontale de la Bouffole où font marqués les dégrés, qu'il la partage en deux parties égales, & que l'un de ces fils horifontaux fe trouve entierement dans la fuperficie du cercle, ce qui fera facile en entaillant plus ou moins les pates de la boëte ; pour lors on l'arrêtera par le moyen des deux tenons O L, figure 7, & par le moyen des deux pates diametralement oppofées, & attachées en dehors de la boëte exterieure de la Bouffole fur le bord inferieur, l'une defquelles pates fera arrêtée fimplement par fa fente fous le tenon O, figure 7, & l'autre fera arrêtée avec le tenon L par le moyen d'une cheville de cuivre, comme on le voit en L, figure 9, afin de pouvoir facilement démonter le tout quand on voudra.

La figure 9, repréfente la Bouffole difpofée dans un cercle de cuivre de la maniere qu'on vient d'expliquer. A O G eft le cercle de cuivre. O eft un trou au haut du cercle qui fert pour le fufpendre. D A C L la boëte de la Bouffole. B T le fil horifontal qui eft dans la fuperficie du cercle fous le verre de la Bouffole. D F G C, le quarré de la figure 7 fur lequel la Bouffole doit être arrêtée. L une des pates de la boëte qui fert pour l'arrêter fur ce même quarré.

Dans la figure dixiéme, N I Q repréfente un cadre de bois qui fert pour fufpendre l'Inftrument par le moyen de la piece de cuivre I O arrêtée contre le cadre vers I, & par le moyen d'une cheville de cuivre qui traverfe la piece I O & le cercle au point O, cette même piece eft refenduë dans fon épaiffeur pour placer le haut du cercle dans la fente, de maniere qu'il puiffe feulement fe mouvoir dans cette fente parallelement à fa fuperficie ; cette même piece I O fe meût près du cadre où elle eft arrêtée fur la ligne P V dans un plan qui coupe celui du cercle à angles droits, ce qui donne la liberté au cercle de pouvoir fe placer verticalement dans le tems de l'obfervation.

Le mouvement du cercle fur la cheville qui le porte en O dans la fente de la piece I O n'eft pas nuifible lors qu'on dirige les deux côtés du cercle à l'étoile dans le tems de l'obſervation, parce que le cercle étant dirigé vers l'étoile, ſa fente ſe trouve dans le même vertical, & le mouvement qu'il fait ſur la ligne P V lui doit ſeulement faire décrire des vibrations dont les mouvemens ſe porteront de droite à gauche, & de gauche à droite de l'Obſervateur. Il eſt évident que ces deux differens mouvemens ne ſçauroient nuire à l'obſervation, autant que ſi l'Inſtrument étoit ſuſpendu par une boucle, qui indépendamment de ces deux mouvemens lui en procureroit un troiſiéme horiſontal tel qu'on le remarque aux giroüetes, lors qu'elles ſont agitées d'un vent inconſtant, ce qui rendroit l'obſervation plus difficile, & beaucoup moins ſûre.

Par l'habitude que les Pilotes ont à la Mer, de ſe tenir en équilibre ſur un Vaiſſeau, quoiqu'il incline beaucoup, tantôt d'un côté, & tantôt de l'autre, lorſqu'ils obſervent la latitude; il eſt évident qu'ils auront bien moins de peine pour diriger les deux côtés de ce cercle à un aſtre, qu'ils n'en ont pour diriger les deux marteaux d'une fléche, ou d'un quartier Anglois à l'horiſon lorſqu'ils obſervent la latitude, parce qu'avec ces inſtrumens l'Obſervateur doit être attentif à deux choſes dans le même tems, l'une pour diriger les deux marteaux à l'horiſon, & l'autre pour faire tomber en même tems le rayon du ſoleil au centre du quart de cercle, ou s'il ſe ſert de la fléche ſur la ligne du petit marteau qu'on appelle auſſi *gabet*, au lieu que celui qui obſerve la déclinaiſon de l'Eguille Aimantée à une étoile avec cet inſtrument, n'a point d'autre attention que celle de diriger le cercle à l'étoile qu'il obſerve, parce que pluſieurs autres perſonnes en même tems peuvent obſerver la roſe de la Bouſſole pour en connoître la déclinaiſon.

Des usages qu'on peut tirer de cet Instrument.

PREMIEREMENT.

Des Observations qu'on peut faire à l'horison avec cet Instrument pour connoître la déclinaison de l'Eguille Aimantée sur Mer.

Il est évident que cet Instrument peut servir à faire les mêmes observations pour connoître la déclinaison de l'Eguille Aimantée sur Mer que les Boussoles dont a parlé ci-devant, & dont tous les Pilotes se servent, puisque par la construction de cet Instrument les deux côtés A E, figure 9, du cercle de cuivre A E G, répondent au centre de la Boussole de la même maniere que les fils ou les pinules des autres Boussoles, & que par consequent la partie du cercle qui est élevé au-dessus de cette Boussole lui tient lieu de fils ou de pinules avec cet avantage au cercle qu'il peut servir de pinules pour faire des Observations depuis l'horison jusqu'à des hauteurs très-considerables, comme on peut le remarquer dans la figure 6: car si l'étoile est en D & l'œil de l'Observateur en C, il pourra diriger les deux côtés du cercle C L à l'étoile, de même qu'il y dirigeroit les côtés R A. si l'astre répondoit en A.

Par le moyen de cet Instrument une seule personne peut observer la déclinaison de l'Eguille Aimantée aux astres lorsqu'on peut les voir depuis l'horison jusqu'à environ vingt dégrés d'élevation verticale ; ce qui n'est pas de même avec les Boussoles dont on a parlé, & desquelles tous les Pilotes se servent sur Mer, puisqu'à l'horison même il faut toûjours être deux pour pouvoir s'en servir à faire l'Observation, au lieu qu'avec la Boussole de la figure 6 une seule personne en élevant l'œil plus ou moins autour du cercle en dirigera toûjours les deux côtés à l'astre, & verra aussi en même tems sur la circonference exterieure de la rose le dégré de

la Bouſſole qui répondra au fil horiſontal ; car ſi on ſuppoſe
que le ſoleil réponde en A, que l'œil de l'Obſervateur
ſoit en R, le fil horiſontal de la Bouſſole en F, & les deux
côtés R A du cercle dirigés au ſoleil, la vûë de l'Obſervateur ſe portera en A & en F preſque dans le même tems,
ou dumoins la difference ſera ſi petite qu'elle ne ſeroit pas
capable de nuire bien ſenſiblement à l'obſervation.

De la ſuſpenſion qu'on peut donner à cet Inſtrument.

Cet Inſtrument étant ſuſpendu en O dans un cadre de bois
comme N IQ, figure 10 & porté ſur le pont par le ſupport de
bois H S, armé d'une pointe de fer en S pour l'empêcher de
gliſſer dans le tems que l'Obſervateur fera l'obſervation,
après avoir mis la pointe S ſur le pont du Vaiſſeau entre
ſes deux pieds il tiendra le cadre N I Q H avec les deux
mains, l'une en N & l'autre en Q, les bras colés contre
le corps, pour lors l'Inſtrument ſuivra l'équilibre du corps
de l'Obſervateur, qui dans ce tems-là dirigera les deux
côtés du cercle à l'aſtre ſans beaucoup de peine, parce qu'il
ne ſera pas fatigué par le poids de l'inſtrument, puiſqu'il
ſera porté ſur le pont, il ne ſera pas non plus obligé de ſe
tenir dans aucune poſture penible pour faire l'obſervation,
comme on y eſt contraint par les voyes ordinaires, ce qui
rendra l'obſervation bien plus facile & plus ſûre.

On peut encore placer cet Inſtrument, figure 9, ſur un
piquet de bois S H Q, figure 11, qui lui ſervira de ſupport,
& qui ſera garni au bout Q d'un quarré de bois P H pour
y placer deſſus l'Inſtrument par le moyen de deux chevilles
de cuivre arrêtées au quarré D F C G, figure 9, qui entre-
ront dans les tenons de cuivre E P, figure 11, & par le
moyen de la pate G, figure 9, qu'on arrêtera en R, figure
11, avec une cheville de cuivre paſſée dans le tenon R comme il paroît en L figure 9.

La figure 12 repréſente l'Inſtrument de la figure 9 monté
& arrêté ſur le quarré P H de la figure 11.

Cet Inftrument étant difpofé comme dans la figure 12,
l'Obfervateur faifant appuyer fur le fond du Vaiffeau la
pointe S entre fes deux pieds en tenant avec fes mains le
fupport S H vers H, ou le quarré de bois I M, ayant les
bras colés contre le corps, entretiendra l'Inftrument nature-
lement dans le même équilibre de fon corps, & étant tcur-
né vers l'aftre, il fera l'obfervation fans beaucoup de peine.

Il eft à remarquer que le propre poids de l'Inftrument,
tant fur ce fupport, que fufpendu dans le cadre de la figure
10, fera porté fur le pont par la pointe S, & que ce même poids ne fe rendra fenfible entre les mains de l'Obfervateur que lorfqu'il perdra fon équilibre fur la même pointe,
ce qui contribuera beaucoup à l'y maintenir en le repouf-
fant du côté oppofé à celui où le poids fe fera fentir ; &
pour cela, outre la plaque de plomb qui doit être au fonds
de la boëte interieure de la Bouffole, il feroit à propos d'en
mettre auffi une un peu plus forte fous le quarré de la figure 11.

L'Obfervateur pourroit encore fe fervir de cet Inftrument,
figures 10 & 12, étant affis fur le pont du Vaiffeau, en mettant le fupport S H plus court de la quantité convenable
pour que le cercle fe trouvât à la portée de l'œil lorfque
l'homme feroit affis, pour lors il pourroit faire l'obferva:ion
à fon aife, en faifant tourner le fupport fur la pointe S avec
fes deux mains pour diriger le cercle à l'aftre.

L'experience apprend à la Mer que les obfervations qu'un
feul homme fait aux étoiles, avec l'arbalete ou le quartier
Anglois pour connoître leur hauteur fur l'horifon, font in-
certaines lorfque l'aftre eft élevé plus d'environ vingt dégrés par la difficulté que l'Obfervateur a de pouvoir en même tems voir l'horifon & l'étoile, & que tant plus l'aftre eft
élevé, tant plus l'obfervation eft incertaine, ce qui arrive-
roit de même avec cet Inftrument ; car fi l'aftre, figure 6,
étoit en E, l'œil de l'Obfervateur près du cercle en R, &
le fil horifontal de la Bouffole en F, l'Obfervateur ne fçauroit
voir en même tems l'aftre en E & le dégré de la rofe qui

répondroit au fil horifontal en F ; pour lors il ne fçauroit feul
faire l'obfervation jufte ; Il faudra donc être deux , comme
lorfque les Pilotes obfervent la déclinaifon de la Bouffole
au foleil dans le tems qu'il eft à l'horifon, c'eft-à-dire, une
perfonne pour diriger le cercle à l'aftre, & une autre pour
obferver en même tems les dégrés qui feront entre le fil horifontal & la fleur de lys de la Bouffole, & pour remarquer
auffi fi le fil feroit à l'Eft ou à l'Oueft de la fleur de lys.

En plaçant fous le verre de la Bouffole un fecond fil horifontal R S, figure 9 , qui réponde à la pointe du pivot qui
porte l'Eguille Aimantée, & qui coupe perpendiculaire-
ment le fil horifontal B T, qui eft dans la fuperficie du cercle A E G, pour lors deux autres perfonnes l'une vers l'Eft
& l'autre vers l'Oueft de la Bouffole, pourront auffi obferver l'une en S, & l'autre en R, les dégrés qui feront depuis
l'Eft, ou l'Oueft de la Bouffole jufqu'à ce dernier fil horifontal R S, lefquels dégrés feroient égaux à ceux qu'on trouveroit en même tems depuis la fleur de lys jufqu'au fil horifontal qui répondroit au cercle A O G, fi la rofe de la Bouffole
étoit horifontale ; mais comme le mouvement la fait incliner tantôt d'un côté , tantôt de l'autre , ceux qui obferveront les dégrés fur la rofe Y, y feront attentifs afin d'y avoir
égard, & de choifir le dégré qu'elle marquera lors qu'elle
paroîtra le moins inclinée , comme on le pratique à la Mer
dans toutes ces occafions.

Par cette méthode on feroit bien plus affuré du nombre
des dégrés que trois perfonnes auroient obfervés en même
tems fur la rofe de la Bouffole que du nombre des dégrés
obfervés par une feule perfonne fur la même rofe , parce
qu'un feul peut fe tromper plus facilement que trois perfonnes enfemble qui obferveront la même chofe, & fur tout à
des obfervations qui fe font à la hâte. Cette obfervation
fur la rofe de la Bouffole eft d'autant plus facile que toute
l'attention des Obfervateurs ne doit confifter qu'à regarder
le dégré de la Bouffole qui répond au fil , fans qu'ils foient
obligés pour cela de prendre aucune pofture penible , comme

on y eſt contraint en obſervant la déclinaiſon de l'Eguille
Aimantée ſur Mer en ſuivant les voyes uſitées.

Par les deux méthodes précedentes le mouvement du
Vaiſſeau ſeroit bien moins ſenſible à cet inſtrument qu'il ne
l'eſt aux Bouſſoles dont on ſe ſert pour obſerver leur déclinaiſon ; car leurs boëtes inclinent de même que le Vaiſſeau
à meſure qu'elles y ſont adherantes, au lieu que le Pilote
par une habitude qui lui eſt en partie devenuë naturelle à
la Mer entretient aſſés bien ſon corps en équilibre, & en
même tems l'inſtrument qui lui ſert pour obſerver la lati-
de, quoiqne dans ce tems-là le Vaiſſeau incline conſidera-
blement, tantôt d'un côté, tantôt de l'autre, à cauſe du
roulis & du tangage ; il entretiendroit cet inſtrument dans
le même équilibre de ſon corps lorſqu'il s'en ſerviroit pour
obſerver la déclinaiſon de l'Eguille Aimantée, tant au ſoleil
qu'aux étoiles, ce qui rendroit l'obſervation bien plus ſûre.
Ce n'eſt pas là le ſeul avantage de cet inſtrument ſur ceux
dont on ſe ſert à la Mer, il en a un autre bien plus con-
ſiderable, qui conſiſte à ſervir pour faire des obſervations
aux étoiles, quoiqu'elles ſoient élevées ſur l'horiſon, & à
pouvoir les réïterer très ſouvent dans la même nuit de la
maniere qu'il ſera expliqué ci-après ; car en prenant un milieu entre les differentes obſervations faites pendant une partie de la nuit, on connoîtra la déclinaiſon de l'Eguille Aimantée avec bien plus de certitude qu'on ne ſçauroit la connoître par une ſeule obſervation faite au ſoleil dans le mo-
ment qu'il eſt à l'horiſon où il ne paroit que très peu de
tems, & où il n'eſt quelquefois pas viſible de plus de huit
jours, pendant leſquels un Vaiſſeau fait aſſés ſouvent bien
du chemin ſans qu'on puiſſe réïterer l'obſervation.

Pour obſerver la déclinaiſon de l'Eguille Aimantée aux
étoiles pendant la nuit avec cet inſtrument, étant ſuſpendu ou porté ſur un ſupport de la maniere qu'on l'a expliqué ci-devant, & repréſenté dans les figures 10. & 12. il
faut diriger, comme il a été dit, les deux côtés du cercle
à l'étoile, en faiſant tourner horiſontalement l'inſtrument

C

sur la pointe S, il faut voir en même tems de quel côté le fil horisontal qui est dans le cercle de cuivre sous le verre de la Boussole, est écarté de la pointe de la fleur de lys, & de combien de dégrés, pour lors il est évident que si l'étoile est au meridien dans le tems de l'observation, le cercle, & le fil horisontal y seront aussi, & que si la pointe de la fleur de lys se trouve sous ce fil, la Boussole n'aura point de déclinaison, mais que si la fleur de lys est écartée de ce fil horisontal la Boussole déclinera du nombre de dégrés qui seront dépuis la fleur de lys jusqu'au dégré de la Boussole qui répondra à ce même fil, & que si ce fil est écarté de la fleur de lys du Nord vers l'Est, la déclinaison de la Boussole sera du Nord vers l'Ouest, & si au contraire il est écarté de la fleur de lys du Nord vers l'Ouest, la déclinaison sera du Nord vers l'Est.

DEMONSTRATION.

Soit CADB l'horison figure 13, AB le meridien, A le Nord, B le Sud, D l'Est, C l'Ouest. Soit FIEHG la rose de la Boussole, IL le fil horisontal, ou le cercle de cuivre dirigé à une étoile dans le meridien, I la fleur de lys, ou la pointe de l'Eguille Aimantée tournée vers le Nord.

Il est évident que si la pointe de la fleur de lys est en I elle sera dans le meridien, qu'elle montrera le veritable Nord, que par conséquent elle n'aura point de déclinaison; & que si la fleur de lys étoit en E, & le fil horisontal en I, ou F, elle seroit écartée du Nord du monde vers l'Est de l'arc I E, qui seroit celui de la déclinaison de l'Eguille Aimantée du Nord vers l'Est, dans le tems que le fil horisontal seroit écarté du Nord de la Boussole vers l'Ouest; & que si la fleur de lys étoit en F, & le fil horisontal en I, ou E, l'arc de la déclinaison seroit I F, du Nord vers l'Ouest dans le tems que le fil seroit écarté du Nord de la Boussole vers l'Est: Donc en observant avec cet instrument la déclinaison de l'Eguille Aimantée à une étoile qui est au meridien; si la fleur de lys répond au fil horisontal de la Boussole, l'Eguille n'aura point de déclinaison; & si le fil est écarté vers l'Est de la Boussole, la déclinaison de l'Eguille sera vers l'Ouest, & au contraire si le fil étoit vers l'Ouest de la fleur de lys, la déclinaison seroit vers l'Est de toute la quantité que le fil horisontal seroit écarté de la fleur de lys.

Cet instrument servira aussi pour observer la déclinaison de l'Eguille Aimantée à toutes les heures de la nuit aux étoiles, quoiqu'elles soient hors du meridien de la même maniere qu'il va être démontré ci-après pour l'étoile polaire. En se servant de cet instrument aux étoiles il faut éclairer la rose de la Boussole avec une lumiere, de même que le dedans du cercle du côté opposé à l'œil.

PROBLEME I.

Trouver de quel côté est la déclinaison de l'Eguille Aimantée, & de combien de dégrés en connoissant la déclinaison observée à une étoile avec cet Instrument, & la déclinaison horisontale de la même étoile.

La variation observée avec cet instrument, est l'arc de la rose de la Boussole depuis la fleur de lys jusqu'au dégré qui répond au fil horisontal, qui est dans la même superficie du cercle de cuivre A I E G, figure 9, à l'heure de l'observation.

La déclinaison horisontale de l'étoile est l'arc de l'horison compris entre le meridien du lieu & le cercle vertical qui passe par l'étoile à l'heure de l'observation, ainsi lorsque l'étoile est écartée du meridien du Nord vers l'Est, sa déclinaison horisontale est du Nord vers l'Est; & lorsque l'étoile est écartée du meridien du Nord vers l'Ouest, sa déclinaison horisontale est du Nord vers l'Ouest.

Lorsque la déclinaison horisontale de l'étoile, & la déclinaison observée à la même étoile ont une semblable

dénomination , il faut les fouſtraire l'une de l'autre , & le
reſte ſera la veritable déclinaiſon de l'Eguille Aimantée ,
qui ne ſera pas du même côté que la déclinaiſon horiſontale de l'étoile , ſi la déclinaiſon obſervée à la même étoile
eſt plus grande que la déclinaiſon horiſontale : mais ſi la déclinaiſon obſervée eſt moindre que la déclinaiſon horiſontale , la déclinaiſon de l'Eguille Aimantée ſera du côté de
la déclinaiſon horiſontale.

DEMONSTRATION.

Soit figure 14 , Q B F E l'horiſon , ſçavoir B le Nord ,
E le Sud , F l'Eſt , Q l'Oueſt ; le point D ſera le centre
de l'horiſon , où l'Obſervateur eſt placé lorſqu'il fait l'obſervation. Ce même point D repréſentera auſſi le Zenith
dans cette figure. Soit B E le meridien , A le pole du
Nord , K S O M le parallele de l'étoile , ſoit l'étoile au
point O. ſoit C Y T Z la roſe de la Bouſſole ; ſçavoir C
le Nord , T le Sud , Y l'Eſt , Z l'Oueſt , ſoit P R le fil
horiſontal de la Bouſſole qui peut auſſi être pris ici pour le
cercle de cuivre qui porte la Bouſſole , la ſuperficie duquel
partage les dégrés de la roſe en deux parties égales , L H
ſera le cercle vertical qui paſſe par l'étoile au point O. l'angle B D L , ou l'arc B L , égal à N P , ſera celui de la déclinaiſon horiſontale de l'étoile , étant formé par le meridien
B E , & par le cercle L H qui eſt le vertical de l'étoile ,
l'arc X L. égal à l'arc C P. ſera celui de la variation obſervée à l'étoile , & plus grand que le précedent B L. Il eſt
évident que la déclinaiſon horiſontale B L , étant retranchée
de la déclinaiſon X L obſervée à l'étoile , le reſte X B
ſera la déclinaiſon de l'Eguille Aimantée , qui dans ce cas
ne ſera pas du même côté que la déclinaiſon horiſontale de
l'étoile.

Il eſt encore évident que la ſuperficie du cercle de cuivre R P qui porte la Bouſſole , étant ſuſpenduë verticalement , & alignée à l'étoile au point O de ſon parallele , le

fil horifontal de la Bouffole fe trouvera dans le même vertical du cercle du Nord vers l'Oueft fur la rofe de la Bouffole, & y marquera depuis la pointe de la fleur de lys, qui
répondra à la pointe de l'Eguille Aimantée l'angle C D P
égal à l'arc de l'horifon X L, qui eft celui de la déclinaifon
de l'Eguille Aimantée obfervée à l'étoile avec l'inftrument,
lequel arc X L feroit celui de la déclinaifon de l'Eguille
Aimantée, ou de la Bouffole du Nord vers l'Eft, fi le cercle vertical L H étoit le meridien, puifque le Nord de la
Bouffole feroit écarté du Nord du monde vers l'Eft, mais
parce que l'étoile eft écartée du Nord du monde vers l'Oueft,
il eft évident que l'arc de la déclinaifon obfervée X L eft
plus grand que l'arc de la déclinaifon horifontale B L, &
qu'il faut retrancher l'arc de la déclinaifon horifontale B L,
qui eft du Nord vers l'Oueft, de l'arc de la déclinaifon obfervée X L qui eft auffi du Nord vers l'Oueft pour avoir
l'arc X B, égal à C N, qui eft celui de la véritable déclinaifon de l'Eguille Aimantée du Nord vers l'Eft qui n'eft
pas de même dénomination que l'arc B L déclinaifon horifontale de l'étoile qui eft du Nord vers l'Oueft.

Soit maintenant l'étoile au point K de fon parallele,
la fleur de lys de la Bouffole fous le vertical D 3 & le fil
horifontal fous le vertical D X, dans le tems de l'obfervation ; l'arc X 3 fera la déclinaifon obfervée à l'étoile du
Nord vers l'Eft qui eft moindre que l'arc B X déclinaifon
horifontale de la même étoile auffi du Nord vers l'Eft, &
B 3 fera l'arc de la véritable déclinaifon de l'Eguille Aimantée, qu'on connoîtra en retranchant la déclinaifon obfervée X 3, qui eft du Nord vers l'Eft de la déclinaifon horifontale X B, qui eft auffi du Nord vers l'Eft, puifque le
refte fera l'arc B 3 qui eft celui de la veritable déclinaifon
de l'Eguille Aimantée du Nord vers l'Eft.

Donc lorfque la déclinaifon horifontale de l'étoile,
& la déclinaifon obfervée à la même étoile ont une
même dénomination, c'eft-à-dire, lorfque le fil horifontal de la Bouffole fe trouve fur la rofe de la Bouffole

du Nord vers l'Eſt à l'heure de l'obſervation, & que la déclinaiſon horiſontale de l'étoile à la même heure, eſt auſſi
du Nord vers l'Eſt, ou lorſque ce même fil eſt du Nord
vers l'Oueſt ſur la Bouſſole à l'heure de l'obſervation, &
que la déclinaiſon horiſontale de l'étoile à la même heure
eſt auſſi du Nord vers l'Oueſt; il faut les ſouſtraire l'une de
l'autre, & le reſte ſera la véritable déclinaiſon de l'Eguille
Aimantée, qui ne ſera pas du même côté de la déclinaiſon
horiſontale, ſi la déclinaiſon obſervée eſt plus grande que
la declinaiſon horiſontale; & au contraire ſi la déclinaiſon
obſervée eſt moindre que la déclinaiſon horiſontale, la déclinaiſon de l'Eguille Aimantée ſera du côté de la déclinaiſon horiſontale, ce qu'il faloit démontrer.

Lorſque la déclinaiſon obſervée à l'étoile avec la Bouſſole &
la déclinaiſon horiſontale de l'étoile, n'ont pas une même déno-
mination dans le tems de l'obſervation, il faut les ajoûter en-
ſemble pour avoir la declinaiſon de l'Eguille Aimantée, qui dans
ce cas là ſera de même dénomination que la déclinaiſon horiſon-
tale de l'étoile.

DEMONSTRATION.

Soit la fleur de lys de la Bouſſole à l'heure de l'obſervation ſous le vertical D X. figure 14, ſoit à la même heure
le fil horiſontal de la Bouſſole ſous le vertical D V. l'étoile
étant au point M la déclinaiſon de l'Eguille obſervée à
l'étoile, ſera l'arc M C, du Nord de la Bouſſole vers l'Oueſt,
la déclinaiſon horiſontale de la même étoile ſera l'arc B V,
du Nord vers l'Eſt, & la véritable variation de la Bouſſole
ſera l'arc B X, auſſi du Nord vers l'Eſt, lequel arc B X,
comprend les deux autres arcs X V. & B V.

Donc lorſque la déclinaiſon obſervée à l'étoile & la déclinaiſon horiſontale de la même étoile ont une differente
dénomination, la déclinaiſon de l'Eguille Aimantée, & la
déclinaiſon horiſontale de l'étoile, ont une même dénomination, & il faut ajoûter enſemble la déclinaiſon obſervée

& la déclinaison horifontale pour avoir la déclinaison de l'Eguille aimantée ou la variation de la Bouffole.

Il eft évident que fi le fil horifontal de la Bouffole répondoit à la pointe de la fleur de lys à l'heure de l'obfervation la déclinaifon de l'Eguille feroit égale à la déclinaifon horifontale de l'étoile & de même dénomination ; car fi l'étoile étoit en K, & la fleur de lys avec le fil de la Bouffole dans le vertical D X, pour lors l'arc X B feroit celui de la déclinaifon horifontale de l'étoile du Nord vers l'Eft, il feroit également celui de la veritable déclinaifon de l'Eguille Aimantée auffi du Nord vers l'Eft.

La déclinaifon horifontale de l'étoile fert donc pour corriger la déclinaifon de l'Eguille Aimantée obfervée à la même étoile avec l'inftrument des figures 10 & 12. Cette déclinaifon eft plus ou moins grande felon que la latitude eft plus ou moins forte, & felon que l'étoile eft plus cu moins éloignée du meridien à l'heure de l'obfervation, ce qui arrive, tantôt du côté de l'Eft, & tantôt du côté du Oueft.

DEMONSTRATION.

Il eft évident qu'à caufe du mouvement journalier des Cieux une étoile s'écarte du meridien, tantôt vers l'Eft, & tantôt vers l'Oueft, & que l'angle que fon vertical fait avec le meridien du lieu, change à mefure que l'étoile change de vertical dans fon parallele ; car fi par exemple l'étoile Polaire étoit au point K de fon parallele S O N, figure 14, l'angle K D B mefuré par l'arc de l'horifon X B & formé par le meridien B E avec le cercle vertical D X qui paffe par l'étoile, feroit bien plus grand que l'angle M D B mefuré par l'arc de l'horifon B V. & formé par le meridien B E avec le vertical D V qui pafferoit par l'étoile fi elle étoit au point M dans fon parallele, &c.

Il eft de même évident que la déclinaifon horifontale d'une étoile augmente à mefure que la latitude augmente

& qu'elle peut être de 90. dégrés, lorfque le Pole eft au Zenith, & que l'étoile eft à fa plus grande diftance du meridien; car fi le Pole eft à l'horifon au point B, & l'étoile à fa plus grande diftance du meridien au point V de fon parallele, fa plus grande déclinaifon horifontale fera l'arc B V égal à la diftance de l'étoile au Pole.

Soit maintenant le Pole au point A, & l'étoile au point K de fon parallele, fa déclinaifon horifontale fera l'arc B X plus grand que B V. foit enfuite le Pole au Zenith D, & l'étoile au point G de fon parallele à fa plus grande diftance du meridien, fa déclinaifon horifontale fera l'angle B D Q mefuré par l'arc de l'horifon B Q de 90. dégrés.

Donc la déclinaifon horifontale d'une étoile change à mefure qu'elle s'éloigne, ou qu'elle s'approche du meridien, & à mefure que le Pole eft plus ou moins élevé fur l'horifon & ce changement peut aller à 90. dégrés.

PROBLEME II.

Trouver les dégrés de la déclinaifon horifontale de l'étoile & fa dénomination à toutes les heures du jour, en connoiffant la latitude du lieu, la diftance de l'étoile au Pole, & l'heure de fon paffage par le meridien.

DEMONSTRATION.

Soit l'étoile au point O de fon parallele, figures 14. & 15. foit B L E l'horifon. A le Pole. D le Zenith. N O S le parallele de l'étoile, fa déclinaifon horifontale fera l'arc B L mefure de l'angle B D L qu'on trouvera en calculant le triangle fpherique obliqu'angle A O D duquel l'arc A D eft donné pour le complement de la latitude, l'arc A O eft auffi donné pour la diftance de l'étoile au Pole, l'angle D A O fera connu par la difference entre l'heure de l'obfervation, & l'heure du paffage de l'étoile par le meridien reduite en dégrés. Soit tracé l'arc de grand cercle

I O qui paſſe par l'étoile au point O & qui coupe le meridien B D E à angles droits au point I, l'arc I O partagera
le triangle A O D en deux triangles rectangles A I O &
D I O, puiſqu'il paſſe par l'étoile au point O, & qu'il coupe
le meridien B D E au point I à angles droits ; on connoîtra enſuite l'arc I O commun aux deux triangles par cette
analogie.

Comme le ſinus total : eſt à l'arc A O diſtance de l'étoile
au Pole :: de même le ſinus de l'angle horaire D A O : au
ſinus de l'arc I O. l'arc I O étant connu on trouvera l'arc
A I par cette autre analogie.

Comme le ſinus total : eſt à l'arc A O diſtance de l'étoile
au Pole :: de même le ſinus complement de l'angle horaire :
au ſinus de l'arc A I qui étant retranché de l'arc A D complement de la latitude, lorſque l'angle D A O eſt aigu &
ajoûté lorſque ce même angle eſt obtus, donnera l'arc I
D connu pour un des côtés du triangle I O D, l'arc I O
ſera auſſi connu par la premiere analogie, & le triangle
étant rectangle on trouvera l'angle requis I D O par cette
analogie.

Comme le ſinus de l'arc I D : eſt à la tangente I O :: de
même le ſinus total : à la tangente B L de l'angle requis
I D O meſuré par l'arc B L, déclinaiſon horiſontale de
l'étoile.

PROBLEME III.

*Trouver l'angle D A O pour quelle heure que ce ſoit d'un
jour donné, en connoiſſant l'heure du paſſage de l'étoile par le
meridien, ce même jour au-deſſus ou au-deſſous du Pole.*

DEMONSTRATION.

Le mouvement journalier de l'étoile dans la partie ſuperieure de ſon parallele, ſe fait de l'Eſt allant vers l'Oueſt,
& dans la partie inferieure, il ſe fait au contraire du Oueſt
allant vers l'Eſt. Le temps que l'étoile nous paroît employer
à parcourir ſon parallele eſt de 23 heures 56 minutes, &

D

environ 4 secondes, que fi on prend la partie proportionelle de ce tems qui convient à la difference en tems entre
l'heure de l'obfervation & l'heure du paffage de l'étoile par
le meridien, & qu'on la reduife en dégrés en faifant valoir
chaque heure 15 dégrés, & chaque minute 15. minutes de
dégrés, on aura l'angle requis I A O en dégrés & minutes.
Car fi par exemple l'heure du paffage de l'étoile par le meridien eft à 7 heures, & l'heure de l'obfervation à 10. l'é-
toile étant au point O de fon parallele, la difference en tems
fera de 3 heures que l'étoile aura employées à aller depuis
le point N du meridien jufqu'au point O de fon parallele
qui étant reduites en dégrés de la maniere fufdite, donneront 45 dégrés 7 minutes 22 fecondes & 30 tierces pour
la valeur de l'arc O N, ou de l'angle requis I A O. Par ce
qui a été dit du mouvement de l'étoile dans fon parallele ;
il eft évident que lorfque le centre de l'étoile quitte le meridien au-deffus du Pole, il eft 11 heures 58 minutes 2 fecondes de tems dans l'Emifphere occidental, c'eft-à-dire,
du Nord vers l'Oueft ; & que lorfque ce même centre
quitte le meridien fous le Pole, il refte également 11 heures
58 minutes 2 fecondes dans l'Emifphere Oriental, c'eft-à-
dire du Nord vers l'Eft.

PROBLEME IV.

*Trouver la déclinaifon horifontale d'une étoile à quelle heu-
re du jour que ce foit en connoiffant fa hauteur fur l'horifon,
fa hauteur au Pole & l'heure de fon paffage par le meridien.*

DEMONSTRATION.

Soit confideré le triangle A O D, & partagé par l'arc
I O de grand cercle en deux triangles rectangles A I O,
& D I O, comme au Probleme 2. Dans le dernier triangle
l'arc O D eft connu pour le complement de la hauteur de

l'étoile fur l'horifon, l'arc A O, diſtance de l'étoile au Pole eſt donné, l'arc I O ſera connu par la premiere analogie du Problème 2. on trouvera donc l'angle requis I D O égal à la déclinaiſon horifontale B L par cette analogie.

Comme l'arc O D complement de la hauteur de l'étoile ſur l'horifon : eſt au ſinus total :: de même l'arc I O : au ſinus de l'angle requis I D O. On peut auſſi trouver la même déclinaiſon horifontale par une ſeule analogie, & ſans connoître l'arc I O ; car au triangle A O D, le côté D O eſt connu pour le complement de la hauteur de l'aſtre ſur l'horifon ; le côté A O eſt connu pour le complement de la déclinaiſon, l'angle D A O eſt auſſi connu par la difference entre l'heure de l'obſervation & l'heure du paſſage de l'étoile par le meridien reduite en dégrés : on trouvera donc l'angle A D O, qui eſt celui de la déclinaiſon horifontale de l'étoile par cette analogie.

Comme le ſinus de l'arc O D : eſt au ſinus de l'angle horaire D A O :: de même le ſinus de l'arc A O : au ſinus de l'angle A D O, qui eſt celui de la déclinaiſon horifontale de l'étoile meſurée par l'arc de l'horifon B L.

REMARQUE.

Quoiqu'à la Mer on ne connoiſſe pas avec préciſion l'heure, la latitude, ni la hauteur des aſtres ſur l'horiſon, la plus grande de ces erreurs ne peut pas être de beaucoup de conſequence aux obſervations faites à l'étoile Polaire, à cauſe de la lenteur de ſon mouvement journalier dans ſon parallele, étant comparée à la viteſſe du mouvement journalier de l'Equateur, & ſur tout en obſervant la déclinaiſon de l'Eguille Aimantée à cette étoile lorſqu'elle eſt au deſſus du Pole vers ſa plus grande diſtance du meridien, tant du côté de l'Eſt, que du côté du Oueſt, parce que pour lors elle eſt aſſés long-tems ſans changer de vertical bien ſenſiblement ; ou en obſervant la hauteur de l'étoile ſur l'horiſon, lorſqu'elle eſt vers le meridien, parce que dans ce tems-là elle eſt aſſés long-tems ſans changer d'almicantarath bien ſenſi-

blement. On observera de même très-utilement la déclinaison de l'Eguille Aimantée aux étoiles de la premiere, seconde, & troisiéme grandeur qui sont autour des Poles lorsqu'elles sont vers leur plus grande distance du meridien, ce qui sera facile à sçavoir par l'heure de leur passage au meridien pour laquelle on peut avoir des tables, de même qne pour la resolution de tous les Problêmes précedens, afin que les Pilotes ne soient embarrassés d'aucun calcul penible, & que par le moyen des tables ils puissent corriger facilement la déclinaison de l'Eguile Aimantée observée à l'étoile ; ce qui pourroit se pratiquer à toutes les heures de la nuit à l'étoile Polaire, & très-souvent aux autres étoiles.

ADDITION.

SECONDE PARTIE.

CHAPITRE PREMIER

Qui renferme l'explication du Planifphere que j'ai inventé, dont il eft parlé dans la Préface pour trouver facilement fur Mer à toutes les heures de la nuit la hauteur du Pole en connoiffant la hauteur de l'étoile polaire ; pour trouver de même la déclinaifon meridionale de cette étoile, & fa dénomination, comme auffi l'heure de fon paffage, & celle des autres étoiles fixes par le meridien au-deffus, & au-deffous du Pole ; pour apprendre encore à connoître dans le ciel les étoiles qui font fur ce Planifphere, & pour trouver l'heure pendant la nuit à ces mêmes étoiles.

ARTICLE PREMIER.

CE Planifphere peut fervir dans tout l'Hemifphere du Nord connu ; il eft compofé de deux plaques circulaires & concentriques, qui renferment plufieurs circonferences de cercle divifées differemment, autour defquelles on voit écrit l'ufage de leurs divifions en abregé ; le premier ou le plus grand de ces cercles qui eft fur la plus grande plaque repréfente l'Equateur, il eft divifé pour les 24 heures du jour, chacune de fes divifions vaut 3 minutes d'heure, de

forte qu'on peut prendre affés exactement le tiers d'une di-
vifion pour une minute.

ARTICLE II.

La feconde circonference eft divifée en 365. parties &
un quart pour les 365. jours, & environ un quart que le
foleil employe à parcourir le Zodiaque : fes divifions font
inégales à caufe de l'irregularité apparente du mouvement
du foleil dans l'Ecliptique. L'intervale de l'une de ces divifions à l'autre, vaut un jour, elles répondent aux dégrés
d'afcenfion droite du foleil pour les jours de l'année 1730.
que j'ai prife pour Epoque.

ARTICLE III.

La troifiéme circonference eft divifée en 360. parties
égales pour les dégrés de l'afcenfion droite des aftres ; fes
dégrés font marqués de 10. en 10. par des chiffres jufqu'à
360. ils fervent pour trouver l'heure du paffage par le meridien des étoiles qui ne font pas fur le Planifphere en connoiffant leur dégré d'afcenfion droite.

ARTICLE IV.

Le dernier ou le plus petit cercle de ce Planifphere n'eft
uniquement que pour l'étoile polaire, il eft divifé feulement
d'un côté en deux quarts de cercle, chacun defquels eft divifé en 64 parties inégales ; les diftances qui font entre ces
divifions valent deux minutes de dégré chacune, tant les
plus petites que les plus grandes, de forte qu'on peut prendre affés exactement la moitié d'une de ces divifions pour
une minute de dégré, on pourroit même en prendre le
quart pour une demi minute, mais cette précifion n'eft pas
neceffaire aux ufages de la navigation. Les minutes font marquées fur ce demi cercle de 12. en 12. par des chiffres

jufqu'à 60. & le nombre de dégrés eft marqué fous les 60.
minutes ; leur ufage eft pour connoître à toutes les heures
du jour & de la nuit la hauteur du Pole en connoiffant la
hauteur de l'étoile polaire, & pour connoître de même la
déclinaifon meridionale de cette étoile, c'eft-à-dire, fa diftance du meridier prife fur un grand cercle. L'étoile qui
eft fur cette demie circonference, repréfente l'étoile polaire
elle ne fert que pour connoître la déclinaifon meridionale
de cette étoile, & la difference entre fa hauteur & celle
du Pole.

Comme depuis le paffage de l'étoile par le meridien jufques à ce qu'elle arrive au cercle horaire de fix heures fi
on prend pour finus total la diftance de l'étoile au Pole les
finus du complement des arcs horaires devant ou après fon
paffage au meridien, font égaux à la differente élevation de
l'étoile à ces mêmes heures, tant au-deffus qu'au-deffous
du Pole. Pour reduire cette theorie en pratique fur ce Planifphere, j'ai divifé le rayon de ce demi cercle en 64. parties égales pour les dégrés de la diftance de l'étoile au Pole
de deux en deux minutes; j'ai divifé également la tangente
de 45 dégrés parallele à ce rayon. Les paralleles que j'ai
tiré enfuite par toutes les divifions du rayon & de la tangente, ont coupé ce demi cercle aux points où l'étoile fe
trouve toutes les fois qu'elle change fa hauteur fur l'horifon de deux minutes de dégré ; d'où il fuit que la diftance
de l'une de ces divifions à l'autre, vaut deux minutes de
dégré, tant pour les differentes hauteurs de l'étoile au-deffus
ou au-deffous du Pole, que pour fa diftance du meridien vers
l'Orient ou vers l'Occident. On commence à compter ces
divifions depuis l'étoile qui eft fur cette même circonference jufques aux deux extrémités du demi cercle qui les renferme, elles ne vont qu'à 2 dégrés 8 minutes, parce que
c'eft la diftance de l'étoile au Pole en l'année 1730. que j'ai
prife pour époque.

Article V.

Le centre de cet aftrolabe repréfente le Pole Arctique,
ou le Pole du Nord : l'efpace qui eft depuis ce Pole jufqu'aux divifions de l'étoile polaire, repréfente le firmament
du côté de ce même Pole, autour duquel j'ai placé les conftellations qui en font les plus proches, avec les principales étoiles qui forment ces conftellations ; j'ai mis chaque
étoile à fon gré d'afcenfion droite, & à celui de fa diftance
au Pole pour l'année 1730 en me fervant du catalogue des
étoiles fixes de Flamftéed ; j'en ai placé 72 en 7 differentes conftellations, qui font la petite Ourfe, la grande Ourfe,
le Dragon, Cephée, la Cafiopée, Perfée, & le Cocher, le
nom de chaque conftellation eft écrit contre la conftellation même ; j'ai eu attention d'y marquer les étoiles conformément à leur grandeur apparente, afin que les Pilotes
les reconnoiffent plus facilement dans le Ciel en les voyant
fur ce Planifphere où elles paroiffent naturellement au même état & fituation que nous les voyons au Firmament ;
ce qui n'eft pas ainfi fur les Globes où on les voit comme
fi on étoit au-deffus du Firmament, & de maniere qu'en
regardant, par exemple, le Pole du Nord d'un Globe on voit
à gauche les étoiles qu'on verroit à droite fi on regardoit
le Pole du Nord dans le Ciel, ce qui oblige à une attention néceffaire lorfqu'on examine la configuration des étoiles fixes fur un Globe pour en prendre connoiffance, on
eft entierement délivré de cette attention, lorfqu'on veut
apprendre à connoître les étoiles avec ce Planifphere, dont
l'ufage eft fort facile, & à la portée de tout le monde,
comme on le verra ci-après.

Article VI.

J'ai marqué fur ce Planifphere l'Orient & l'Occident,
ou l'Eft, & l'Oueft en terme de Marine, afin de voir d'abord

ſi à l'heure requiſe ou à l'heure de l'obſervation l'étoile eſt
dans la partie Orientale du monde , ou ſi elle eſt dans la
partie Occidentale ; on voit auſſi écrit ſur les 12 heures
midi au-deſſus du Planiſphere , & minuit au-deſſous, afin
de diſtinguer par là les heures du matin d'avec celles du
ſoir, & afin de ſçavoir ſi l'heure du paſſage d'une étoile par
le meridien dans un jour propoſé, arrivera pendant le jour
ou pendant la nuit, au-deſſus ou au-deſſous du Pole. J'ai marqué les heures ſur ce Planiſphere ſelon leur ſuite naturelle,
allant de l'Orient par midi à l'Occident , ou de droite à
gauche en regardant le Pole du Nord; j'ai marqué la ſuite
des jours des mois & celle des degrés d'Aſcenſion droite
au contraire, c'eſt-à-dire, allant de l'Occident par midi vers
l'Orient, à cauſe du mouvement annuel du ſoleil qui ſe fait
de ce tems-là, comme auſſi le mouvement propre des autres aſtres.

CHAPITRE II.

Qui renferme l'uſage de ce Planiſphere.

ARTICLE PREMIER.

Touchant la maniere de reconnoître dans le Ciel les étoiles
qui ſont ſur ce Planiſphere.

LEs premiers Aſtronomes ont renfermé les principales
étoiles fixes dans des figures differentes qu'ils ont ap-
pellées conſtellations ; ils ont imaginé ces figures afin que
tout le monde puiſſe diſtinguer & reconnoître les étoiles
fixes plus facilement & ſans confuſion.

En examinant ſur le Planiſphere la configuration des
étoiles de chaque conſtellation, on verra d'abord qu'il y en
a 7. à la grande Ourſe qui ſont fort aiſées à reconnoître,
tant par leur grandeur que par leur configuration, quatre

E

defquelles font vers l'arriere du corps, formant enfemble
une figure à peu près quarrée, les trois autres font fur la
longueur de la queuë; les Pilotes appellent ces 7. étoiles
le grand Charriot, ils appellent les trois de la queuë *les trois
Chevaux*, ils appellent les quatre autres *les quatre rouës du
grand Charriot*. Je me fervirai de ces termes dans l'explication fuivante, parce qu'ils font plus ufités parmi les gens de
Mer. En connoiffant les 7 étoiles du grand Chariot on re-
connoît enfuite facilement l'étoile polaire, & celles qui
forment les autres conftellations qui font autour du Pole
Arctique, que les Marins appellent *Pole du Nord* : car
fi on imagine une ligne droite qui paffe par les deux
rouës de derriere du grand Chariot, & qui foit prolongée
du côté droit des Chevaux & du Chariot, ou du côté du
dos de la grande Ourfe; cette ligne paffera fort près du Pole,
la premiere étoile qui fe trouvera la plus proche de cette
ligne, qui fera de la grandeur de celles du Chariot, fera
l'étoile polaire; cette même ligne droite étant encore prolongée au-delà de l'étoile polaire, paffera par la conftellation
de Cephée, & fervira pour en faire connoître fes étoiles.

L'étoile polaire eft au bout de la queuë de la petite Ourfe;
elle fert à connoître les autres étoiles de cette conftellation,
dont les principales font au nombre de 7. faifant enfemble
une figure à peu près femblable à celle du grand Chariot;
elles font de differente grandeur, il y en a même une très-
petite, les Pilotes les reconnoiffent fous le nom de petit
Chariot; ils appellent les gardes *les deux Etoiles*, qui repré-
fentent les deux rouës de derriere du petit Chariot; ils appellent la Claire des Gardes celle de ces deux étoiles qui
eft la plus grande & la plus proche de l'étoile polaire.

Les étoiles qui font entre Cephée, la grande Ourfe & la
petite Ourfe, font celles du Dragon; celles qui font les plus
proche de Cephée, de l'autre côté font celles de la Cafiopée; celles qui font enfuite les plus proches de la Cafiopée,
font celles de Perfée; & celles qui font entre Perfée & le
grand Chariot ou la grande Ourfe, font de la conftellation

du Cocher, on appelle la plus grande de ces dernieres étoiles *la Chevre* ou *Cavella*. Comme on voit tout cela d'un coup d'œil sur le Planisphere, il seroit inutile d'en dire d'avantage.

Après avoir examiné la configuration des étoiles sur cet Instrument pour apprendre ensuite à les reconnoître facilement dans le Ciel, il est à propos de choisir une nuit où le Ciel soit bien serein, & de connoître à peu près l'heure qu'on veut prendre pour s'exercer à cela, afin d'ajuster à cette heure là le jour du mois sur le Planisphere en tendant le crin du centre sur l'heure, pour y placer dessous le jour du mois en faisant tourner la petite plaque; pour lors en tenant le Planisphere devant soi sans déranger le jour de l'heure, on y verra toutes les étoiles dans le même état & configuration que dans le Ciel à cette heure là, c'est-à-dire que toutes celles qu'on y verra vers l'Orient ou vers l'Occident, au-dessus ou au-dessous du Pole, seront semblablement dans le Ciel vers l'Orient ou vers l'Occident, au-dessus ou au-dessous du Pole, pour lors en se tournant vers le Pole du Nord; si on considere alternativement les étoiles qui sont dans le Ciel de ce côté là, & celles qui sont sur cet Instrument, on y reconnoîtra assés facilement toutes celles du Planisphere; on est tourné vers le Pole du Nord lorsqu'on a l'Orient du côté de la main droite, & l'Occident du côté de la main gauche; l'Orient est du côté de la partie de l'horison où les astres se levent, l'Occident est de l'autre côté de la partie de l'horison où les astres se couchent.

ARTICLE II.

Dans toutes les operations qu'on fait avec ce Planisphere, lorsque les étoiles qu'on y voit sont entre midy & six heures, elles sont au-dessus du Pole, & lors qu'elles sont entre minuit & six heures elles sont au-dessous du Pole.

ARTICLE III.

Lorsqu'on se sert de cet Instrument, il faut faire attention

que les divisions des jours sont pour l'heure de midy au meridien de Paris , & pour l'année 1730 que j'ai prise pour
époque , afin de les reduire pour toutes les autres années &
pour tous les autres lieux de la terre lorsque le cas l'exigera
de la maniere qu'il sera expliqué ci-après.

ARTICLE IV.

Il faut toûjours commencer par ajuster l'heure requise ;
ou l'heure de l'observation au jour du mois & à la partie
du jour qui convient à l'heure requise , ce qui se fait en
tenant le fil ou crin qui est au centre de l'Instrument tendu
sur l'heure requise , après avoir été corrigée de la maniere
qui va être expliqué au Chapitre suivant , lorsque le cas
l'exigera , en faisant ensuite tourner la petite plaque jusqu'à
ce que la partie du jour proposé qui convient à l'heure requise , soit sous ce même crin. Le jour & l'heure étant ainsi
ajustés on transporte le crin du centre tendu sur six heures
du matin, si l'étoile est dans la partie Orientale du Planisphere , ou sur six heures du soir , si elle est dans la partie
Occidentale : pour lors si l'étoile est entre le crin & midy
elle sera au-dessus du Pole à l'heure requise , & si elle est
entre ce même crin & minuit, elle sera au-dessous du Pole
à la même heure , les dégrés & minutes qui se trouveront
en même-tems sur les divisions de l'étoile polaire depuis
l'étoile qu'on y voit au milieu jusqu'au crin tendu sur six
heures , seront pour la difference entre la hauteur du Pole
& la hauteur de l'étoile polaire qu'on ajoûtera à la hauteur
de l'étoile lors qu'elle sera au-dessous du Pole , & qu'on re-
tranchera de la même étoile , lors qu'elle sera au-dessus du
Pole pour avoir la hauteur du Pole ou la latitude du lieu ;
si ensuite sans déranger le jour de l'heure on transporte ce
même crin tendu sur midy lorsque l'étoile est au-dessus du
Pole , ou sur minuit lorsqu'elle est au-dessous du Pole , ce
crin représentera le meridien : les dégrés & minutes qui se
trouveront aux divisions de l'étoile polaire depuis l'étoile

qu'on y voit au milieu jufqu'à ce crin, feront pour la déclinaifon meridionale de cette étoile au jour & heure propofés, qui feront ajuftés enfemble fur le Planifphere.

CHAPITRE III.

*Sur les correĉtions qu'il convient de faire affés fouvent
à l'heure requife pour trouver plus d'exaĉtitude
à ce qu'on cherche fur ce Planifphere.*

ARTICLE PREMIER.

COMME le Soleil parcourt le Zodiaque en 365. jours
5 heures 49 minutes & 16 fecondes de tems, & que
les jours du mois fur ce Planifphere ne font que pour l'année 1730 qui eft la feconde après une biffextile, laquelle
année n'eft que de 365 jours, de même que toutes les autres années communes, les 5 heures 49 minutes & 16 fecondes de plus, occafionnent une erreur de près de 15
minutes de degré par an pour le lieu du Soleil dans le Zodiaque, qui font près d'une minute d'heure de difference à
fon paffage par le meridien, & près de 4 minutes d'heure
en quatre années confecutives qui ont donné lieu au jour
qu'on ajoûte aux années biffextiles pour corriger cette erreur ; mais parce que j'ai pris pour époque l'année 1730 qui
eft la feconde après une biffextile ; cette erreur qui feroit de
près de 4 minutes d'heure, fe trouve partagée & n'eft que
d'environ 2 minutes dans le courant de 4 années confecutives, elle fe trouve nulle pendant le courant de la feconde
année après les biffextiles ; elle augmente enfuite peu à peu
de maniere qu'au mois de Fevrier de l'année biffextile elle
a produit environ 2 minutes d'heure d'erreur, qui vont enfuite en diminuant depuis le mois de Mars de l'année biffextile, jufqu'au premier de Janvier de la feconde année après
la biffextile, que l'erreur finit pour recommencer enfuite de

nouveau avec la troisiéme année après la biſſextile, & pour être détruite de même ſucceſſivement de 4 en 4 ans par l'addition du 29 Fevrier aux années biſſextiles.

ARTICLE II.

De la premiere correction.

Pour corriger facilement ces erreurs ſur ce Planiſphere, & autant qu'il eſt néceſſaire pour les uſages de la navigation, il ſuffit de corriger l'heure donnée ou l'heure de l'obſervation en retranchant de cette même heure deux minutes pendant le mois de Mars, d'Avril, de May, de Juin & de Juillet de l'année Biſſextile, en retranchant une minute pendant les cinq derniers mois de l'année Biſſextile, & pendant les ſix premiers mois de la premiere année après la Biſſextile. Il ne faut rien ajoûter ni retrancher pendant les ſix derniers mois de la premiere année après la Biſſextile, non plus que pendant la ſeconde année après la Biſſextile, parce que la ſeconde année après la Biſſextile eſt celle du Planiſphere, & parce que pendant les ſix derniers mois de la premiere année après la Biſſextile, l'erreur n'iroit pas tout à fait à une demie minute d'heure qu'on peut négliger ſans conſéquence. On ajoûtera enſuite une minute d'heure pendant le courant des ſix premiers mois de la troiſiéme année après la Biſſextile; on ajoûtera 2 minutes pendant le courant des ſix derniers mois de la troiſiéme année après la Biſſextile, & pendant les deux premiers mois de l'année Biſſextile, de cette maniere l'erreur n'ira qu'à environ une demie minute d'heure dans le tems de 4 années conſecutives, laquelle demie minute d'heure n'occaſionneroit jamais qu'une erreur d'environ un quart de minute de degré à la déclinaiſon meridionale de l'étoile polaire, de même qu'à la difference entre ſa hauteur & celle du Pole, & très-ſouvent beaucoup moins, ce qui ne ſçauroit être préjudiciable à la Mer.

Le retranchement dans l'année Biſſextile & dans la premiere.

année après la Biſſextile ſe fait, parce que pendant les jours
de ces années le Soleil eſt plus avancé dans l'Ecliptique,
qu'il ne l'eſt pendant les mêmes jours de la ſeconde année
après la Biſſextile, & ce qu'on ajoûte au contraire pendant
le courant de la troiſiéme année après la Biſſextile, & pendant les deux premiers mois de la Biſſextile, ſe fait parce
que le Soleil eſt moins avancé dans l'Ecliptique pendant
les jours de ces derniers tems, qu'il ne l'eſt pendant les
jours de la ſeconde année après la Biſſextile.

ARTICLE III.

Le 28 du mois de Février ſur ce Planiſphere, ſert auſſi
pour le 29. du même mois lorſque les années ſont biſſextiles
en ayant attention de retrancher 4 minutes d'heure de l'heure
propoſée le 29 du mois de Février.

ARTICLE IV.

En traçant les jours du mois ſur ce Planiſphere j'ai pris
pour époque l'année 1730, parce que, comme je l'ai déja
dit, cette année là étant la ſeconde après une Biſſextile,
quand même on négligeroit de faire la correction précédente, l'erreur n'iroit qu'à environ 2 minutes d'heure qui ne
produiroient qu'environ une minute de degré à la déclinaiſon meridionale de l'étoile polaire, & à la difference entre
ſa hauteur & celle du Pole, & même très-ſouvent beaucoup
moins, comme lorſque l'étoile approche de ſa plus grande
déclinaiſon meridionale, tant vers l'Orient, que vers l'Occident.

ARTICLE V.

De la ſeconde correction.

Comme la premiere Correction laiſſe ſubſiſter une petite
erreur, qui en 135 ans donneroit le Soleil moins avancé
d'un degré en Aſcenſion droite ſur le Planiſphere qu'il ne le

feroit dans le Ciel, & que le mouvement propre de l'étoile polaire qui fe fait autour des Poles de l'Ecliptique, avance à prefent cette étoile en fon Afcenfion droite d'une minute & environ 56 fecondes de dégré en une année, cela retarderoit le paffage de l'étoile polaire par le meridien du Planifphere de près d'une minute d'heure en 10 ans fi on n'y avoit pas égard ; on peut y remedier facilement & autant qu'il eft néceffaire, en commençant d'ajoûter feulement une minute à l'heure propofée après les 5 premieres années depuis celle de l'époque 1730, c'eft-à-dire après l'année 1735 ; en ajoûtant enfuite une minute de plus pour tous les 10 ans écoulés dépuis l'année 1735, c'eft-à-dire, en ajoûtant à l'heure propofée une minute dépuis l'année 1735 jufqu'à l'année 1745, en ajoûtant 2 minutes dépuis 1745 jufqu'en 1755 ; en ajoûtant 3 minutes dépuis 1755 jufqu'en 1765, &c. de cette maniere ces deux dernieres caufes ne produiront enfemble qu'une erreur d'environ une demie minute d'heure qui fera, tantôt de plus, & tantôt de moins, qui tantôt augmentera & tantôt diminuera de tout autant l'erreur de la demi-minute d'heure dont on a parlé ci-devant dans la premiere Correction ; mais ces erreurs jointes enfemble ne faifant qu'environ une minute d'heure, ne fçauroient encore être préjudiciables aux ufages de cet Inftrument pour la Navigation, puifqu'elles ne procurent qu'une erreur d'environ une demi minute de degré à la déclinaifon meridionale de l'étoile polaire, & à la difference entre fa hauteur & celle du Pole, & très-fouvent beaucoup moins.

A R T I C L E   V I.

De la troifiéme Correction.

Comme les divifions des jours fur ce Planifphere font pour l'heure de midy à Paris, la difference en longitude occafionneroit une erreur fur cet Inftrument d'environ 2 minutes d'heure qui donneroient quelquefois environ une
minute

minute de degré pour la déclinaison meridionale de l'étoile polaire, & pour la difference entre sa hauteur & celle du Pole, lorsque la difference en longitude entre le lieu proposé & Paris seroit Orientale ou Occidentale de 180 degrés , & cela à cause de la difference entre le lieu du Soleil dans l'Ecliptique lors qu'il est au meridien de Paris, & son lieu au même Ecliptique, le même jour, lors qu'il est à un autre meridien éloigné de celui de Paris de 180. degrés en longitude.

Pour faire cette correction sans peine , & avec autant d'exactitude qu'il en faut pour les usages de la Marine ; il suffit d'ajoûter à l'heure requise une demie minute d'heure pour tous les 45. degrés de difference en longitude Occidentale , & retrancher au contraire une demie minute de l'heure requise pour tous les 45 degrés de difference en longitude Orientale entre le lieu proposé & Paris. Je donne dans les propositions du Chapitre suivant des exemples pour toutes ces corrections, afin de les rendre encore plus sensibles, quoi qu'elles ne soient pas absolument necessaires dans la pratique de la navigation.

ARTICLE VII.

On doit faire attention que la déclinaison meridionale de l'étoile polaire & la difference entre sa hauteur & celle du Pole qu'on trouve sur le Planisphere par les méthodes précedentes, sont pour l'année 1730 qui est celle de l'époque du Planisphere, & qu'il faut les reduire aux autres années lors qu'elles sont un peu éloignées de celle de l'époque, parce qu'à présent l'étoile polaire s'approche tous les ans du Pole d'environ 20 secondes de degré qui font environ une minute de degré de 3 en 3 ans, cette reduction se fait par une seule regle de trois ou de proportion, dont voici l'analogie.

La distance de l'étoile polaire au Pole en l'année de l'époque 1730 : est à la distance de la même étoile au Pole dans une autre année proposée :: Comme la déclinaison meridionale de cette étoile, ou comme la difference entre sa hauteur

F

& celle du Pole pour un jour & heure proposés en l'année
de l'époque 1730 : font à la déclinaifon meridionale de la
même étoile, ou à la difference entre fa hauteur & celle
du Pole pour le même jour & heure de l'année propofée.

La déclinaifon meridionale de l'étoile polaire eft fa diftance du meridien, prife fur un grand cercle de la Sphere
qui paffe par l'étoile & qui coupe le meridien à angles droits ;
cette déclinaifon eft tantôt Orientale, & tantôt Occidentale, à caufe du mouvement journalier de l'étoile dans fon
parallele ; elle eft Orientale lorfque l'étoile eft écartée du
meridien vers l'Orient, elle eft Occidentale lorfque l'étoile
eft écartée du meridien vers l'Occident.

ARTICLE VIII.

Pour trouver la diftance de l'étoile polaire au Pole pendant les années du refte de ce fiecle, il faut retrancher une
minute de degré pour tous les trois ans écoulés dépuis l'année 1730 que j'ai prife pour époque de 2 degrés 8 minutes
qui eft la diftance de l'étoile au Pole en cette année là, le refte
fera la diftance de l'étoile au Pole pour l'année requife.

CHAPITRE IV.

Qui renferme plufieurs propofitions, avec des Exemples fur les ufages de ce Planifphere.

PREMIERE PROPOSITION.

Trouver avec ce Planifphere la déclinaifon meridionale de l'étoile polaire & fa dénomination, pour qu'elle heure que ce foit d'un jour & année propofés.

TANDE's le fil ou crin du centre du Planifphere fur
l'heure corrigée par les méthodes précedentes, ajoû-
tés-y deffous le jour & la partie du jour propofé, tendés

enfuite, comme il a été dit, le crin du centre fur midy, ou minuit pour repréfenter le meridien, les degrés & minutes qui feront fur le Planifphere, depuis l'étoile qui eft au milieu des divifions de l'étoile polaire jufqu'à ce crin feront pour la déclinaifon meridionale de cette étoile au jour & heure propofés.

EXEMPLE PREMIER.

On demande la déclinaifon meridionale de l'étoile polaire, & fa dénomination pour 8 heures du foir le 10. du mois de May de l'année 1742. à un endroit éloigné de Paris de 20. degrés en longitude Occidentale.

Faites attention que l'année propofée 1742 eft la feconde après la Biffextile, de même que celle du Planifphere; qu'il a été dit, que dans les fecondes années après les Biffextiles, on ne doit pas faire de premiere correction à l'heure propofée, que cette même année 1742 étant entre les années 1735 & 1745, il faut ajoûter une minute à l'heure propofée 8 heures du foir; que la fomme 8 heures une minute du foir, qui fera l'heure corrigée par la feconde correction; & que la difference en longitude dans cet exemple n'étant que de 20 degrés ne produiroit qu'environ un tiers de minute d'heure d'erreur qui ne merite pas qu'on y ait égard, ne pouvant pas être préjudiciable aux ufages de ce Planifphere; on peut donc fe difpenfer dans cet exemple de faire la troifiéme correction. Comme les divifions des jours fur cet Inftrument font pour l'heure de midy, & que l'heure propofée eft 8 heures une minute du foir qui vaut environ le tiers du jour après midy; il faut tendre le crin du centre fur 8 heures une minute du foir, & y ajufter deffus le 10 & un tiers du mois de May, le jour étant ainfi ajufté fur l'heure fans les déranger, tendés le crin du centre fur fix heures du foir, parce que dans cet exemple l'étoile fe trouve fur la partie Occidentale du Planifphere, vous la verrés dans ce tems-là entre ce crin & minuit, c'eft-à-dire, au-deffous du

Pole, tranfportés enfuite ce même crin tendu fur minuit,
parce que l'étoile eft au-deffous du Pole, pour lors ce même crin repréfentera le meridien, & vous verrés d'abord
qu'à l'heure requife l'étoile en fera écartée vers l'Occident
de 48 minutes de degré que vous trouverés fur le Planifphere depuis l'étoile qui eft au milieu des divifions de l'é-
toile polaire jufqu'au crin tendu fur minuit, pour l'année de
l'époque 1730 que vous reduirés enfuite à l'année propofée 1742; parce que dans l'année de l'époque du Planifphere
1730 l'étoile polaire eft éloignée du Pole de 2 degrés 8 minutes, & qu'elle n'en eft éloignée que de 2 degrés 4 minutes en l'année propofée 1742. Il faut donc reduire la
déclinaifon meridionale trouvée fur ce Planifphere de 48
minutes de degré pour l'année 1730, à la déclinaifon meridionale de l'année propofée 1742, en faifant la regle de
trois, ou de proportion précedente dont voici l'operation
par les Logarithmes.

LOGARITHMES.

$$2^D.8^m:\ 2^D.4^m::\ 48^m:$$

S. Diftance de l'étoile au Pole en 1730. . $2.^D\ 8.^m$　85708.

S. Diftance de l'étoile au Pole en 1742. . 2 . 4.　85570.

S. Declinaifon meridionale en 1730. . . . . 48.　81449.

Sommes des Logarithmes . . . . . . 167019.

Logarithme du premier terme . . . . 85708.

S. Déclinaifon merid. requife en 1742 . 0 . 47.　81311.

R É P O N S E.

La déclinaifon meridionale de l'étoile polaire le
10 du mois de May de l'année 1742 à 8 heures du foir

eſt vers l'Oueſt ou Occidentale de 47 minutes de degré.

EXEMPLE II.

On demande la déclinaiſon meridionale de l'étoile polaire & ſa dénomination le 5 du mois d'Août de l'année
1734 à une heure du matin pour un lieu éloigné de Paris
de 15. degrés en longitude Orientale.

L'année 1734. étant la ſeconde après une Biſſextile &
avant l'année 1735. il n'eſt pas néceſſaire de ſe ſervir de la
premiere ni de la ſeconde correction pour corriger l'heure
propoſée, non plus que la troiſiéme, parce que la difference en longitude n'étant que de 15 degrés, l'erreur qui en
viendroit ne ſçauroit être préjudiciable dans cet exemple;
il faut ſeulement faire attention que l'heure propoſée eſt une
heure du matin, c'eſt-à-dire 11 heures de tems avant
midy, qui valent preſque la moitié du jour avant midy, tendés enſuite le crin du centre ſur une heure du matin &
ajuſtés-y deſſus le 5 du mois d'Août moins environ la moitié du jour avant midy, ou ce qui revient au même, ajuſtés
ſous le crin environ le quatre & demi du même mois, le jour
& heure érant ainſi ajuſtés, tranſportés le crin du centre ſur
ſix heures du matin, parce qu'en cet exemple l'étoile ſe trouve dans la partie Orientale du Planiſphere, pour lors vous
la verrés entre ce crin & midy, c'eſt-à-dire, au-deſſus du
Pole, tranſportés enſuite ce même crin tendu ſur midy,
parce que l'étoile eſt au-deſſus du Pole, pour lors ce crin
repréſentera le meridien, & vous verrés d'abord ſur les degrés & minutes de l'étoile polaire, que cette étoile en ſera
écartée vers l'Orient d'un degré 22 minutes, qu'il n'eſt pas
néceſſaire de reduire à l'année propoſée 1734, parce que
cette année-là eſt aſſés proche de celle de l'époque pour
ne pas cauſer une erreur préjudiciable, de ſorte que là déclinaiſon meridionale requiſe dans cet exemple, eſt Orientale d'un degré 22 minutes.

F üj

EXEMPLE III.

On demande la déclinaison meridionale de l'étoile polaire le 12. du mois de Mars de l'année 1751 à 11 heures
30 minutes du soir pour un lieu éloigné de Paris de 90 degrés en longitude Occidentale.

Pour répondre avec plus d'exactitude à ce qu'on demande dans cet exemple, il faut faire les trois corrections à
l'heure proposée ; la premiere, parce que le jour donné
étant dans les six premiers mois d'une troisiéme année après
la Bissextile, il a été dit d'ajoûter une minute à l'heure donnée pendant ces six mois là ; la seconde, parce qu'il a été
dit que l'année proposée étant entre les années 1745 &
1755, il faut ajoûter deux minutes à l'heure ; & la troisiéme, parce qu'il a été dit que lorsque la difference en longitude est Occidentale de 90 degrés, il faut ajoûter une
minute à l'heure proposée, les trois corrections étant à ajoûter pour cet exemple ; il faut donc ajoûter 4 minutes à l'heure
proposée 11 heures 30 minutes, & la somme 11 heures
34 minutes du soir, sera l'heure corrigée pour cet exemple, laquelle heure vaut plus de la moitié du jour après
midy, tendés ensuite le crin du centre sur 11 heures 34 minutes du soir, ajustés-y dessous le 12 du mois de Mars, &
presque le demi du même jour, parce que l'heure corrigée est 11 heures 30 minutes après midy ; pour lors, sans
déranger le jour de l'heure, tendés le crin du centre sur
six heures du soir, parce qu'en cet exemple l'étoile est dans
la partie Occidentale du Planisphere, vous la verrés à cette
heure là entre ce crin & minuit, c'est-à-dire, au-dessous
du Pole, transportés ensuite ce même crin tendu sur minuit, parce que l'étoile est au-dessus du Pole, il représentera le meridien, & vous verrés d'abord sur les degrés &
minutes de l'étoile polaire, que cette étoile en sera écartée
de 51 minutes de degré vers l'Occident, qui seront pour
sa déclinaison meridionale.

En l'année 1751. la diftance de l'étoit au Pole n'étant
que de deux degrés une minute. Si on veut trouver plus
d'exactitude, il faut reduire les 51 minutes trouvées fur le
Planifphere pour la déclinaifon meridionale de l'étoile le
12 du mois de Mars de l'année 1730 qui eft celle du Planifphere au même jour & heure de l'année propofée 1751
par la même regle de proportion précedente, dont voici
l'operation par les Logarithmes.

LOGARITHMES.

$2^D . 8^m : 2^D . 1^m :: 51^m$

S. Diftance de l'étoile au Pole en 1730 . . $2.^D 8.^m$ 85708.

S. Diftance de l'étoile au Pole en 1751 . . 2. 1.   85464.

S. Déclinaifon meridionale en 1730 . . . 0. 51.   81712.

Somme des Logarithmes . . . .   167176.

Logarithme du premier terme. . . 2. 8.   85708.

S. Déclinaifon merid. requife en 1751 . 0. 48.   81468.

R E' P O N S E.

La déclinaifon meridionale de l'étoile polaire le 12 du
mois de Janvier de l'année 1751 à 11 heures 30 minutes
du foir pour un lieu éloigné de Paris de 90 degrés en longitude Occidentale, eft vers l'Oueft ou Occidentale de 49
minutes.

Exemple IV.

On demande la déclinaison meridionale de l'étoile polaire à quatre heures du matin le 16 du mois de Septembre de l'année 1752 pour un lieu éloigné de Paris de 88
degrés en longitude Orientale.

L'heure dans cet exemple est sujette aux 3 corrections ;
la premiere, parce que le jour donné est dans les six derniers mois de l'année Bissextile, & qu'il faut retrancher une
minute pendant ces six mois ; la seconde parce qu'on doit
ajoûter 2 minutes à l'heure proposée, à cause que l'année
donnée 1752 se trouve entre les années 1745 & 1755 ; &
la troisiéme, parce qu'on doit retrancher une minute à l'heure proposée pour les 88 dégrés de longitude Orientale, mais
parce que ces trois corrections donnent deux minutes à ajoûter & deux minutes à retrancher ; l'heure proposée demeure
la même, c'est-à-dire, 4 heures du matin qui valent 8 heures avant midy qui font le tiers du jour avant midy, tendés
ensuite le crin du centre sur 4 heures du matin, & ajoû-
tés-y dessus le 16 du mois de Septembre, moins environ
le tiers du jour, tendés ensuite ce même crin sur six heures du soir, parce que dans cet Exemple l'étoile est dans
la partie Occidentale du Planisphere, vous la verrés au-
dessus du Pole, tandés ensuite ce même crin sur midy,
vous trouverés depuis l'étoile qui est au milieu des divisions
de l'étoile polaire jusqu'à ce crin un degré 58 minutes
pour la déclinaison meridionale & Occidentale de cette
étoile, au jour & heure requis en l'année de l'époque
1730 que vous reduirés à l'année proposée 1752 par la même regle de proportion des Exemples précedens, parce
que la distance de l'étoile polaire au Pole en l'année proposée 1752 n'est que de deux degrés une minute, & que
dans l'année du Planisphere 1730 cette distance est de 2 degrés 8 minutes.

Operation

Operation de la Regle de proportion par les Logarithmes.

$2^{\mathrm{D}}.8^{\mathrm{m}}$: $2.^{\mathrm{D}}\,1^{\mathrm{m}}$:: $1^{\mathrm{D}}.28^{\mathrm{m}}$:

S. Diftance de l'étoile au Pole en 1730... $2.^{\mathrm{D}}8.^{\mathrm{m}}$ 85708.

S. Diftance de l'étoile au Pole en 1751... 2. 1.   85464.

S. Déclinaifon meridionale en 1730.... 1. 28.   84081.

   Somme des Logarithmes.............. 169545.

   Logarithme du premier terme........ 85708.

S. Déclinaifon meridionale en 1751..... 1. 23.   83837.

RÉPONSE.

La déclinaifon meridionale de l'étoile polaire à 4 heures du matin le 16 du mois de Septembre de l'année 1752 pour un lieu éloigné de Paris de 88 degrés en longitude Orientale, eft du côté du Oueft ou Occidentale d'un degré 23 minutes.

PROPOSITION II.

Trouver avec ce Planifphere la difference entre la hauteur du Pole, & la hauteur de l'étoile polaire à toutes les heures du jour & de la nuit pour quelque jour que ce foit d'une année propofée.

Ajuftés au jour propofé l'heure connuë après l'avoir corrigée comme cy-devant aux exemples de la déclinaifon meridionale de l'étoile polaire, tendés enfuite le crin du centre fur fix heures du matin, fi l'étoile eft fur la partie Orientale du planifphere, ou fur fix heures du foir fi elle eft dans la partie Occidentale, pour lors les degrés & minutes qui

G

feront fur le planifphere depuis l'étoile qui eft au milieu des divifions de l'étoile polaire, jufqu'au crin tendu fur fix heures feront pour la difference entre la hauteur du Pole, & la hauteur de l'étoile polaire à l'heure requife pour l'année de l'époque 1730, que vous reduirés à l'année propofée par la regle de proportion de l'article 7 du chapitre précedent.

EXEMPLE PREMIER.

Le 20 du mois de Novembre de l'année, 1742 à huit heures du foir, étant fur mer à un endroit éloigné de Paris de 168 degrés en longitude Occidentale, on a obfervé l'étoile polaire haute fur l'horifon de 47 degrés, on demande la difference entre fa hauteur & celle du Pole à l'heure de l'obfervation, pour fçavoir à la même heure la hauteur du Pole, ou la latitude du lieu propofé.

L'heure propofée dans cet exemple n'exige pas de premiere correction, parce que l'année 1742 eft la feconde après une biffextille, de même que celle du planifphere, mais parce que cette année là eft entre les années 1735 & 1745 il faut ajoûter une minute à l'heure propofée fuivant ce qui a été dit de la feconde correction; & fuivant ce qui a été dit de la troifiéme correction, il faut y ajoûter deux minuttes parce que la difference en longitude eft Occidentale de 168 degrés, ce qui donne trois minutes à ajoûter à l'heure propofée 8 heures pour avoir l'heure corrigée 8 heures 3 minutes du foir qui valent environ le tiers du jour après midy; tendés enfuite le crin du centre fur 8 heures 3 minutes du foir & ajuftés-y deffous le 20 & environ un tiers du mois de Novembre; tranfportés enfuite ce même crin fur fix heures du matin, parce qu'en cet exemple l'étoile fe trouvera dans la partie Orientale du planifphere, vous la verrés au deffus du Pole 2 degrés 5 minutes qui feront depuis l'étoile qui eft aux divifions de l'étoile polaire jufqu'au crin tendu fur fix heures, lefquels deux degrés cinq minutes font pour la difference requife entre la hauteur du Pole & la hauteur de l'étoile polaire en l'année du planifphere 1730 qu'il faut reduire enfuite à l'année propofée 1742 par la regle de proportion de l'article 7 du chapitre précedent parce que la diftance de l'étoile au Pole eft de 2 degrés 4 minutes pour l'année propofée 1742 & qu'elle eft de deux degrés 8 minutes en l'année de l'époque 1730.

Opération de la regle de trois ou de proportion par les Logarithmes.

$2^D.8^m$: $2^D.5^m$:: $2^D.4^m$:   LOGARITHMES.

S. Diftance de l'étoile polaire au Pole en

1730. . . . . $2.^D 8.^m$ 85708.

S. Diftance de l'étoile au Pole en 1742. . . 2. 4.   85570.

S. Difference de la hauteur pour 1730. . . . 2. 5.   85605.

Somme des Logarithmes. . . . .   171175.

Logarithme du premier terme. . . . .   85708.

S. Difference réduite pour 1742. . . . . . . 2. 1.   85467.

RE'PONSE.

Dans cet exemple la difference entre la hauteur du Pole, & la hauteur de l'étoile polaire trouvée de deux degrés 5 minutes fur le planifphere donne deux degrés une minute, pour le même jour & heure de l'année propofée 1742 qu'il faut retrancher de la hauteur de l'étoile quarante-fept degrés, parce que l'étoile eft au deffus du Pole à l'heure propofée, le refte 44 degrés 59 minutes fera la hauteur du Pole, ou la latitude du lieu. Il eft évident que fi l'étoile avoit été au deffous du Pole à l'heure propofée il auroit falu ajoûter la difference reduite deux degrés une minute à la hauteur de l'étoile 47 degrés, & que la fomme 49 degrés une minute auroit été la hauteur du Pole requife.

G ij

EXEMPLE II.

On suppose être à la mer à un lieu éloigné de Paris de 190 degrés en longitude Orientale, le premier du mois de May de l'année 1760, & d'observer le même jour à deux heures du matin l'étoile polaire haute sur l'horifon de 35 degrés, on demande la hauteur du Pole, ou la latitude du lieu de l'obfervation.

L'étoile dans cet exemple eft au deffous du Pole & l'heure corrigée par les methodes précedentes eft une heure 59 minutes du matin, qui donne un degré 11 minutes pour la difference entre la hauteur de l'étoile & la hauteur du Pole à cette heure là en l'année de l'époque 1730, qu'il faut réduire comme dans l'exemple précedent au même jour & heure de l'année propofée 1760, parce que la diftance de l'étoile polaire au Pole en l'année de l'époque eft de deux degrés 8 minutes, & qu'elle n'eft que d'un degré 58 minutes en l'année propofée 1760.

Opération de la regle de proportion par les Logarithmes.

$2^D. 8^m$: $1^D. 58^m$:: $1^D. 11^m$:   LOGARITHMES.

S. Diftance de l'étoile au Pole en 1730... $2.^D 8.^m$ 85708.

S. Diftance de l'étoile au Pole en 1760... 1. 58.   85355.

S. Difference de la hauteur en 1730... 1. 11.   83149.

Somme des Logarithmes. . . . .   168504.
Logarithme du premier terme. . . . .   85708.

Difference de la hauteur en 1760. . . . . . 1. 6. 82796.

RÉPONSE.

L'étoile étant au deffous du Pole dans cet exemple il

faut ajoûter la difference entre fa hauteur & celle du Pole, réduite à un degré 6 minutes avec fa hauteur obfervée 35 degrés, la fomme 36 degrés 6 minutes fera la hauteur du Pole requife pour le lieu de l'obfervation au jour & heure de l'année propofée 1760.

E X E M P L E   III.

Etant à la mer le 10 du mois de Juin de l'année 1743 à 11 heures 20 minutes du foir, on a obfervé l'étoile polaire haute fur l'horifon de 28 degrés 25 minutes : on demande la hauteur du Pole, & la déclinaifon meridionale de l'étoile polaire à cette heure là au lieu de l'obfervation.

Après avoir corrigé l'heure comme ci-devant, elle fera 11 heures 22 minutes du foir qu'il faut ajufter avec le premier & environ le demi du mois d'Avril, tendés enfuite le crin fur fix heures du matin, vous verrés en même tems que l'étoile fera au deffous du Pole 1 degré 4 minutes: tranfportés enfuite le crin tendu fur minuit, vous verrés pour lors que l'étoile fera hors du meridien vers l'Orient 1 degré 50 minutes, que vous réduirés comme ci-devant par les mêmes regles de proportion, & vous trouverés 1 degré 2 minutes pour la difference entre la hauteur du Pole & la hauteur de l'étoile polaire que vous ajoûterés à la hauteur de l'étoile 28 degrés 25 minutes parce qu'elle eft au deffous du Pole au jour & heure propofés, la fomme 29 degrés 27 minutes fera la hauteur du Pole requife, la déclinaifon meridionale de cette étoile au même jour & heure trouvée fur le planifphere d'un degré 50 minutes étant auffi réduite comme il a été dit fera d'un degré 46 minutes.

Il y a des heures dans la nuit plus favorables les unes que les autres pour faire ces obfervations : car le tems qui fe paffe depuis que l'étoile que le Vulgaire appelle la premiere roüe du grand Chariot eft à plomb avec l'étoile polaire, jufqu'à ce que l'étoile qui reprefente le fecond Cheval du

G iij

même Chariot foit auffi à plomb avec l'étoile polaire tant au
deffus qu'au deffous du Pole, eft de plus d'une heure, pendant lequel tems la hauteur de l'étoile polaire ne change que
d'environ deux minutes de degré ; comme pendant ce tems-
là l'étoile eft vers fa plus grande, ou vers fa moindre élevation au deffus ou au deffous du Pole, fi on retranche le complement de la déclinaifon de l'étoile en l'année de l'obfervation lorfque l'étoile eft au deffus du Pole, ou fi on l'ajoûte à la hauteur de l'étoile lorfqu'elle eft au deffous du Pole
on aura la hauteur du Pole à une ou deux minutes près &
même moins comme fi on prenoit la hauteur de l'étoile polaire lorfqu'elle eft à plomb avec le troifiéme Cheval de ce
Chariot. Pour trouver fur le planifphere l'heure de ce tems-
là pour tous les jours de l'année, ajuftés l'étoile polaire avec
la premiere rouë du grand Chariot fous le crin qui eft arrêté
vers midi étant tendu vers minuit, & notés enfuite l'heure
qui répondra au jour du mois ; ajuftés après l'étoile polaire
avec le fecond Cheval fous ce même crin & notés auffi
l'heure qui répondra au jour du mois, la premiere de ces
heures fera le commencement de ce tems-là & la derniere
en fera la fin.

EXEMPLE.

On veut fçavoir le fix de Novembre à quelle heure com-
mencera le tems qui fe trouve depuis que la premiere rouë
du grand Chariot eft à plomb avec l'étoile polaire jufqu'à
ce que le fecond Cheval du même Chariot foit auffi à plomb
avec l'étoile polaire au deffous du Pole.

Tendés vers minuit le crin qui eft arrêté fur midi, ajuftés-y deffous l'étoile polaire avec la premiere rouë du grand
Chariot, voyés enfuite l'heure qui répond au 6 de Novembre, vous trouverés 9 heures 14 minutes du foir pour le
commencemnnt du tems requis ; ajuftés après fous le même
crin l'étoile polaire avec le fecond Cheval du grand Chariot

& vous verrés que l'heure qui répond au 6 de Novembre est 10. heures & environ dix-neuf minutes du soir qui est celle de la fin du tems requis le 6. de Novembre.

PROPOSITION III.

Trouver par une seule regle de proportion la déclinaison horisontale de l'étoile polaire en connoissant sa déclinaison meridionale, la difference entre sa hauteur & celle du Pole, & la hauteur du Pole, ou la latitude du lieu.

La difference entre la hauteur du Pole & la hauteur de l'étoile étant retranchée du complement de la latitude, lorsque l'étoile est au dessus du Pole, ou ajoûtée lorsque l'étoile est au dessous du Pole, le sinus du reste, ou le sinus de la somme : est à la tangente de la déclinaison meridionale de l'étoile :: comme le sinus total : est à la tangente de sa déclinaison horisontale.

DEMONSTRATION.

Soit B D E le meridien figure 15, A le Pole du Nord. N O S le parallele de l'étoile, soit l'étoile au point O de son parallele, soit D O L le vertical de l'étoile, B L E l'horison; B L sera la déclinaison horisontale de l'étoile. soit I O un arc de grand cercle qui passe par l'étoile au point O & qui coupe le meridien B D E à angles droits au point I, l'arc I O sera la déclinaison meridionale de l'étoile, l'arc A D sera le complement de la latitude; l'étoile étant au point O, l'arc A I sera la hauteur de l'étoile au dessus du Pole, ou la difference entre sa hauteur & celle du Pole qu'il faut retrancher de l'arc A D complement de la latitude pour avoir l'arc I D connu, soit à present l'étoile au point P de son parallele, l'arc U P sera sa déclinaison meridionale, l'arc A U sera la hauteur de l'étoile au dessous du Pole, ou la difference entre sa hauteur & celle du Pole

qu'il faut ajoûter à l'arc A D complement de la latitude
pour avoir l'arc U D connu, on trouvera donc enfuite l'arc
de la déclinaifon horifontale B L, ou U P, par cette feule
analogie.

Comme le finus de l'arc A D complement de la latitude
après en avoir retranché l'arc A I difference entre la hauteur du Pole & la hauteur de l'étoile, lorfque l'étoile eft au
deffus du Pole, ou après y avoir ajoûté l'arc A U difference entre la hauteur du Pole, & la hauteur de l'étoile lorfqu'elle eft au deffous du Pole : eft à la tangente I O, ou
V P, déclinaifon meridionale de l'étoile :: de même le finus total D B : à la tangente requife B L, ou B R.

EXEMPLE PREMIER.

Etant par la latitude de 44 degrés à un jour & heure propofés, on a trouvé fur le planifphere que l'étoile étoit 1 degré 20 minutes au deffus du Pole, & qu'au même jour &
heure elle avoit 1 degré 10 minutes de déclinaifon meridionale vers l'Orient, on demande fa déclinaifon horifontale.

L'étoile étant 1 degré 20 minutes au deffus du Pole,
retranchés les du complement de la latitude 46 degrés, le
refte 44 degrés 40 minutes fera le premier terme de la regle de proportion que vous devés faire, la tangente de la
déclinaifon meridionale trouvée fur le planifphete d'un degré 10 minutes, fera le fecond terme, & le finus total fera
le troifiéme.

OPERATION.

OPERATION.

	D.	M.
Complement de la latitude............46.	46.	0.
Hauteur de l'étoile au deſſus du Pole.. ... 1. 20.	1.	20.
Premier terme. ....44. 40.	44.	40.

$44^{D}.40^{m}$: $1^{D}.10^{m}$:: 90^{D}:   LOGARITHMES.

	D.	M.	
S. du premier terme.............	44.	40.	98469.
T. de la déclinaiſon meridionale.....	1.	10.	83088.
S. Total.			100000.
Somme des Logarithmes.			183088.
Premier terme.............			98469.
T. de la déclinaiſon horiſontale......	1.	40.	84619.

RE'PONSE.

La déclinaiſon horiſontale de l'étoile polaire à l'heure de l'obſervation dans cet exemple eſt 1 degré 40 minutes.

EXEMPLE II.

Etant par la même latitude de l'exemple précedent 44 degrés à un autre jour & heure, on a trouvé ſur le planiſphere, que l'étoile étoit 1 degré 50 minutes au deſſous du Pole, & qu'elle avoit 1 degré 4 minutes de déclinaiſon meridionale vers l'Occident, on demande ſa déclinaiſon horiſontale.

L'étoile étant 1 degré 50 minutes au deſſous du Pole, ajoutés-les au complement de la latitude 44 degrés, la ſomme 45 degrés 50 minutes ſera le premier terme de la regle de proportion, la tangente de la déclinaiſon meridionale

H

nale 1 degré 10 minutes sera le second terme, & le sinus total sera le troisiéme.

OPERATION.

	D.	M.
Complement de la latitude.	44.	0.
Hauteur de l'étoile au dessous du Pole.	1.	50.
Premier terme.	45.	50.

$45^D.50^m:\ 1.^D 10^m::\ 90^D:$ LOGARITHMES,

S. du premier terme.	$45.^D 50.^m$	98507.
Tangente de la déclinaison meridion.	1. 10.	83088.
S. Total.		100000.
Somme des Logarithmes.		183088.
Premier terme.	45. 50.	98507.
T. de la déclinaison horisontale.	1. 39.	84581.

RÉPONSE.

La déclinaison horisontale de l'étoile dans cet exemple est un degré 38 minutes.

La déclinaison horisontale de l'étoile polaire sert pour corriger la variation de la Boussole observée à cette étoile comme je l'ai démontré dans le Memoire précedent où j'ai aussi expliqué les usages de la Boussole ou Compas de variation que j'ai inventé pour pouvoir faire ces observations avec assés de facilité pendant toute la nuit.

PROPOSITION IV.

*Trouver l'heure que l'étoile polaire sera au meridien, au deſſus
ou au deſſous du Pole pour quelque jour de l'année que ce ſcit.*

Tendés le crin du centre ſur midy pour repéſenter le
meridien, ajuſtés-y deſſous l'étoile qui eſt au milieu des di-
viſions de la plus petite circonference, tendés enſuite ce même crin ſur le jour propoſé; l'heure qu'il marquera ſera celle
que l'étoile ſera au meridien au deſſus du Pole, à peu de
minutes près, que vous corrigerés comme dans les exemples précedens, ſi vous ſouhaités qu'elle ſoit plus préciſe;
mais cette correction eſt aſſés inutile pour les uſages de l'é-
toile polaire ſur mer, à cauſe de la lenteur de ſon mouvement journalier.

EXEMPLE PREMIER.

On demande à quelle heure l'étoile polaire ſera au meridien au deſſus du Pole le 3 de Decembre de l'année 1734.

Placés l'étoile dans le meridien, comme il vient d'ètre
dit, tendés enſuite le crin ſur le 3 du mois de Decembre,
vous trouverés que la diviſion qui repreſente le midy de ce
jour-là répondra à huit heures du ſoir, qui ſera l'heure du
paſſage de l'étoile par le meridien ce même jour au deſſus
du pole.

EXEMPLE II.

On demande à quelle heure l'étoile polaire ſera au meridien ſous le Pole le 20 du mois de Janvier.

Tendés le crin du centre ſur minuit, ajuſtés-y deſſous le
milieu de l'étoile, tendés enſuite ce même crin ſur le 20
du mois de Janvier, vous trouverés qu'il répondra à 4 heures 29 minutes après minuit qui ſera l'heure du paſſage de

l'étoile par le meridien ce jour-là, assés exacte pour cet usage dans la navigation. Ce qu'on vient de dire pour l'étoile
polaire, s'entend également pour toutes les autres étoiles
qui ne se couchent point.

On trouve de la même maniere pour quelque jour que
ce soit l'heure à laquelle les étoiles qui sont sur ce planisphere seront au meridien dessus & dessous le Pole ; cela
donnera sans doute occasion aux Pilotes d'observer assés
souvent la latitude à ces étoiles, ce qu'ils ne pouvoient pas
faire de même sans sçavoir à quelle heure l'étoile qu'ils auroient eu envie d'observer devoit être au meridien n'étant
pas en état d'en faire le calcul, qui d'ailleurs seroit très-
embarassant à la mer, où on n'a pas toûjours le tems ni
la commodité d'un travail penible.

On peut aussi trouver sur ce planisphere l'heure du passage par le meridien de toutes les autres étoiles, même de
celles qui sont dans la partie meridionale du monde en connoissant leur ascension droite ; car si on ajuste au meridien
du planisphere le degré d'ascension droite d'une étoile quelconque, l'heure qui répondra pour lors au jour du mois
sera celle du passage de l'étoile par le meridien.

EXEMPLE PREMIER.

On veut sçavoir à quelle heure l'étoile du milieu des trois
qui sont à la ceinture d'Orion que le Vulgaire appelle les
trois Rois, ou les trois Enseignes, sera au meridien le 20
du mois d'Octobre.

On trouve cy-après dans la table de l'ascension droite des
étoiles 81 degrés pour celle du milieu des trois Rois. Tendés le crin du centre sur midy ; ajustés-y dessous les 81 degrés d'ascension droite, tendés ensuite le meme crin sur le
20 du mois d'octobre, vous verrés qu'il marquera 3 heures 42 minutes du matin, qui sera l'heure que cette étoile
sera visible au meridien le 20 du mois d'Octobre.

EXEMPLE II.

On demande à quelle heure l'étoile qu'on appelle la Canicule sera au meridien le 12 de Février.

Comme cette étoile est de la premiere grandeur & des plus belles qui soient dans le Ciel, qu'elle n'est pas bien éloignée des trois Rois du côté de l'Orient, elle est facile à connoître. On trouve sur la table que l'ascension droite de cette étoile est 111. degrés & environ un quart qu'il faut ajuster au meridien du planisphere comme cy-devant. Tendés ensuite le crin du centre sur le 12 Février, vous verrés qu'il marquera 9 heures 42 minutes pour l'heure que l'étoile appellée la Canicule sera visible au meridien le 12 Février, à bien peu de minutes près.

Que si on étoit curieux d'avoir l'heure plus exacte après l'avoir trouvée de la maniere précedente, il faudroit ensuite la corriger comme il a été expliqué au Chapitre 2 pour la déclinaison meridionale de l'étoile polaire.

Comme toutes les étoiles passent au meridien, tantôt le jour & tantôt la nuit, à cause du mouvement annuel du Soleil, je donne dans la proposition suivante la maniere de le sçavoir avec ce planisphere.

PROPOSITION V.

Trouver avec ce planisphere pour quel jour que ce soit de l'année, si une étoile connuë quelconque sera au meridien pendant le jour ou pendant la nuit.

Placés l'étoile connuë, ou son degré d'ascension droite au meridien du planisphere de la maniere susdite; que si pour lors le jour proposé répond aux heures de la nuit, l'étoile sera visible au meridien parce qu'elle s'y trouvera la nuit; mais si le jour proposé répond aux heures du jour, elle ne sera

H iij

pas vifible au meridien parce qu'elle y fera le jour ; enfin
lorfqu'une étoile eft placée au meridien du planifphere tous
les jours du mois qui répondent pour lors aux heures de la
nuit font ceux de l'année que cette étoile fera vifible au meridien & les jours des mois qui répondent aux heures du
du jour font ceux de l'année que l'étoile ne fera pas vifible
au meridien ; l'heure qui répond à ces jours-là eft celle que
l'étoile doit être au meridien les mêmes jours. Pour fçavoir
la même chofe d'une étoile qui ne fe couche point il faut la
mettre au meridien du planifphere au deffus & au deffous
du Pole, parce que ces étoiles là font vifibles tantôt au deffus du Pole & tantôt au deffous.

PROPOSITION VI.

Trouver pendant la nuit l'heure aux étoiles avec ce planifphere.

Obfervés dans le Ciel au moyen d'une clef attachée au
bout d'une fifcele ou d'un autre poids lorfque quelqu'une
des étoiles qui font fur le planifphere fera à plomb avec
l'étoile polaire, foit au deffus, foit au deffous du Pole, ce qui
arrivera lorfque la fifcele coupera les deux étoiles à plomb
l'une de l'autre, faites enfuite couper les deux mêmes étoiles
fur le planifphere par le crin qui eft fur midi étant tendu vers
minuit, l'heure qui répondra pour lors au jour de l'obfervation fera l'heure requife.

EXEMPLE PREMIER.

Le 25 du mois d'Août on demande l'heure qu'il eft lorfque l'exterieure de la queuë de la grande Ourfe vulgaire-
ment dite le premier cheval du grand Chariot eft à plomb
avec l'étoile polaire fous le Pole.

Tendés le crin qui eft fur midi vers minuit, faites tourner la petite plaque jufqu'à ce que ce même crin coupe le

premier cheval du grand Chariot & en même tems l'étoile
polaire; pour lors vous trouverés vis-à-vis le 25 du mois
d'Août trois heures & environ 13 minutes du matin.

E X E M P L E II.

On demande le premier du mois d'Octobre l'heure qu'il
fera lorfque la derniere roüe du grand Chariot fera à plomb
avec l'étoile polaire au deffous du Pole.

Tendés le crin qui eft fur midi vers minuit & ajuftés-y
deffous la derniere roüe du grand Chariot avec l'étoile polaire, vous verrés que le premier du mois d'Octobre répondra à 10 heures & environ 23 minutes du foir qui fera
l'heure requife.

E X E M P L E III.

On demande le 28 du mois de May, l'heure qu'il fera
lorfque la Claire des Gardes fera à plomb avec l'étoile polaire au deffous du Pole.

Tendés comme cy-devant le crin de midi vers minuit &
faites tourner la petite plaque jufqu'à ce que ce crin coupe
en même tems la Claire des Gardes & l'étoile polaire, vous
verrés alors que le 28 du mois de May, répondra à dix heures & environ 9 minutes du matin qui fera l'heure requife; mais comme les étoiles ne paroiffent que la nuit on ne
la verroit point à cette heure là; on pourroit cependant l'obferver le foir du même jour à peu près à la même heure,
ce qui fe pratique comme lorfque l'étoile polaire eft au deffus
du Pole.

PROPOSITION VII.

Trouver avec ce planifphere l'heure du paffage du premier point d'Ariés par le meridien pour quel jour de l'année que ce foit.

Tandés le crin de midi fur minuit & ajuftés-y deffous le trois cent foixantiéme degré d'afcenfion droite, l'heure qui répondra au jour propofé fera l'heure requife, parce qu'on commence à compter les degrés d'afcenfion droite au premier point d'Ariés.

EXEMPLE.

On demande l'heure du paffage d'Ariés par le meridien le 30 Avril. Ajuftés comme cy-devant le trois cent foixantiéme degré d'afcenfion droite au meridien du planifphere, & vous verrés que le 30 Avril répondra à 9 heures 30 minutes qui fera celle du paffage d'Ariés par le meridien ce même jour.

PROPOSITION VIII.

Trouver avec ce planifphere à quelle heure que ce foit de la nuit dans un jour propofé quelles feront les étoiles qui feront au meridien & celles qui en feront les plus proches, tant de celles qui font fur le planifphere que de celles qui n'y font point.

Ajuftés comme cy-devant le jour propofé à l'heure de la nuit requife, tendés enfuite le crin de midi fur minuit pour reprefenter le meridien, les étoiles qui feront fous ce crin feront au meridien à cet heure là, & celles qui en feront les plus proches feront celles qui feront les plus proches du meridien. On trouvera la même chofe pour les autres étoiles qui ne font pas fur le planifphere en connoiffant leur afcenfion droite : car il eft évident que celles qui auront pour

afcenfion

afcenſion droite le degré d'afcenſion droite qui ſera au meridien feront pour lors au meridien, & que celles qui auront pour afcenſion droite quelqu'un des degrés proche du
meridien feront proches du meridien. On verra auſſi à cette
même heure les étoiles qui auront paſſé au meridien depuis
péu de tems, & celles qui y paſſeront bientôt en faiſant un
peu d'attention fur le planiſphere au mouvement journalier
des étoiles qui ſe fait d'Orient en Occident au deſſus du Pole
& aucontraire d'Occident en Orient au deſſous du Pole.

E X E M P L E.

Le 5 de Novembre à 10 heures 30 minutes du ſoir on
demande quelles feront les étoiles du Planiſphere qui feront les plus proches du meridien dans le Ciel, on demande
la même choſe pour celles de la Table cy - jointe qui ne
font pas fur le planiſphere & pour toutes celles qui ne font
ni fur le planiſphere ni fur la Table.

Ajuſtés fur le planiſphere le 5 du mois de Novembre avec
10 heures 30 minutes du ſoir ; tendés enfuite le crin de
midi fur minuit pour y préfenter le meridien, & vous y
verrés deſſous l'étoile du milieu de la queuë de la grande
Ourfe que le Vulgaire reconnoit pour le fecond Cheval du
grand Chariot, laquelle étoile fera auſſi au meridien dans le
Ciel à cette heure-là. Vous verrés en même tems que les
deux autres étoiles de la queuë de la grande Ourfe feront
aſſés proches du meridien, que celle de ces deux étoiles
qui eſt la plus proche du corps aura paſſé par le meridien,
& que celle qui eſt au bout de la queuë y paſſera bientôt.
Toutes les étoiles qui auront environ 8 ou 198 degrés
d'afcenſion droite feront au meridien, ou près du meridien
ce même jour & heure. Il eſt évident que toutes celles qui
ont plus d'afcenſion droite paſſent plus tard par le meridien
que celles qui en ont moins, & que par conſequent toutes
celles qui font hors du meridien d'un même côté n'ont pas

I

encore paffé par le même meridien, fi elles ont plus d'afcenfion droite que celles qui font de l'autre côté du meridien.

PROPOSITION IX.

*Trouver avec ce planifphere l'afcenfion droite du Soleil pour
quel jour de l'année que ce foit.*

Tendés le crin du centre fur le jour requis, pour lors ce
crin marquera, fur les degrés d'afcenfion droite du planifphere,
le degré d'afcenfion droite du Soleil pour ce jour là.

CHAPITRE V.

*QUI renferme l'explication de la Table des principales
étoiles fixés pour trouver leur afcenfion droite, leur
diftance au Pole du Nord, & leur déclinaifon pendant
plufieurs fiecles, à l'ufage de la Navigation.*

CETTE Table eft compofée de'fix colones, la premiere
à gauche renferme les noms des étoiles & des conftellations. Les chiffres de la feconde colone à gauche mar-
quent la grandeur des étoiles qui font toutes celles de la
premiere grandeur, & celles de la feconde avec quelques
unes des principales de la troifiéme, on n'y en trouvera
aucune de la quatriéme ni de la cinquiéme grandeur, parce
qu'elles font trop petites pour pouvoir les obferver facilement fur mer ; le chiffre 1 marque les étoiles de la premiere grandeur, le chiffre 2 marque celles de la feconde
qui font moins grandes que celles de la premiere, le chiffre deux & demi marque les étoiles qui font moins grandes que celles de la feconde grandeur, & plus grandes que
celles de la troifieme, & le chiffre 3 marque celles de la
troifiéme grandeur. Ce qui eft dans les autres colones fur

la ligne du nom d'une étoile est pour son ascension droite,
pour sa difference en ascension droite, pour sa distance au
Pole du Nord, & pour la difference de sa distance au même
Pole de 10 en 10 ans. L'ascension droite est dans la troisiéme
colone, la difference en ascension droite est dans la quatriéme,
la distance au Pole est dans la cinquiéme, & la difference
de la distance au Pole est dans la sixiéme.

Cette Table est pour l'année 1730, elle peut servir pendant plusieurs siecles au moyen de la difference qu'on y
trouve de l'ascension droite des étoiles & de leur distance
au Pole du Nord de 10 en 10 ans, c'est-à-dire qu'après 10
années depuis celle de l'Epoque 1730 si on veut avoir l'ascension droite d'une étoile, il faut adjouter à son ascension
droite prise dans la table, ce qui est sur la même ligne du nom
de l'étoile dans la colone qui a pour titre difference en ascension droite ; après 20 ans il faut y adjouter le double ;
& après 5 ans seulement il n'y faut adjouter que la moitié de la difference qui est dans la même colone, & ainsi de
suite à proportion des années écoulées depuis 1730. Il en
est de même de ce qui est renfermé dans la cinquiéme colone, qui a pour titre difference de la distance au Pole du
Nord, lorsqu'on veut connoître la déclinaison des étoiles
de la Table, faisant seulement attention, que lorsque l'ascension droite des étoiles sera moindre que 90 dégrés ou
plus grande que 270, il faudra retrancher de leur distance
au Pole du Nord la difference qui conviendra à l'année requise suivant la table, & le reste sera la veritable distance
de l'étoile au même Pole : & au contraire lorsque l'ascension droite des étoiles sera depuis 90 dégrés jusqu'à 270,
il faudra adjouter à leur distance au Pole du Nord la difference qui conviendra à l'année réquise suivant la Table, afin
d'avoir ensuite leur veritable déclinaison de la maniere
suivante.

Il est évident que si la distance d'une étoile au Pole du
Nord est moindre que 90 degrés en la rétranchant de 90
dégrés, le reste sera la déclinaison Nord ou Septentriona-

le de l'étoile égale à sa distance de l'équateur vers le Nord;
& que si la distance d'une étoile au Pole du Nord excede 90
degrés, l'excès sera sa déclinaison Sud, ou meridionale, égale
à sa distance de l'équateur vers le Pole du Sud, on trouvera
par conséquent pour tous les jours d'une année quelconque, pendant plusieurs siecles, la déclinaison d'une étoile
& l'heure de son passage par le Méridien avec ce Planisphere & ces Tables; que si à cette heure là on observe
la hauteur de l'étoile sur l'horison ou sa distance au Zenith,
on connoîtra la latitude du lieu de l'observation par les regles ordinaires du Pilotage, & de la même maniere qu'on
la connoît en observant la hauteur du Soleil sur l'horison,
ou sa distance au Zenith à l'heure de midi, car quoi que
les Pilotes, pour déterminer la latitude par la hauteur du
Soleil sur l'horison ou par sa distance au Zenith fassent attention si l'ombre du Soleil se porte vers le Nord, ou vers le
Sud, & quoique les étoiles ne fassent point d'ombre sensible, ils pourront cependant la considerer comme sensible,
& dire que lors qu'une étoile est au Nord de l'observateur
son ombre est Sud; & qu'au contraire lorsque l'étoile est au
Sud de l'observateur son ombre est Nord.

On doit faire attention que comme le mouvement propre des étoiles fixes qui se fait autour des Poles de l'écliptique fait varier leur ascension droite & leur distance au Pole,
leur déclinaison varie aussi, & que par consequent il est
necessaire d'y avoir égard en suivant cette Table, lorsqu'on
observe la latitude aux étoiles, & sur tout dans des années
éloignées de celles de l'Epoque 1730.

J'ai mis la suite des constellations dans cette table suivant celle de leur passage par le meridien en commencant
par la grande Ourse qui est la plus connue du Public; c'est-
à-dire que lorsque les 7 principales étoiles de la grande
Ourse seront au meridien au dessus ou au dessous du Pole,
les étoiles des autres constellations passeront ensuite successi-
vement par le même meridien au dessus ou au dessous du
Pole, en suivant la suite qu'elles ont dans la table,

J'ai marqué d'un N les conftellations qui font dans l'hé-mifphere du Nord ou feptentrional , j'ai marqué d'un S les conftellations qui font dans l'hémifphere du Sud ou meridional, j'ai marqué des deux lettres N S celles qui étant partagées par l'équateur font en partie dans l'hémifphere du Nord , & en partie dans celle du Sud.

Pour dreffer cette table , je me fuis fervi du catalogue des étoiles fixes de Flamfteed ; mais comme il ne s'étend pas jufqu'au Pole du Sud , j'y ai fupplée par le catalogue des étoiles meridionales de M. Hallay très-habile Aftronome, qui a obfervé lui-même ces étoiles étant à l'Ifle de Sainte Helene fituée par la latitude Sud ou meridionale de 15 dégrés 55 minutes , & par la longitude de 352 dégrés meridien de Tenerif.

TABLE

De l'Afcenfion droite & de la Diftance au Pole du Nord des principales Etoiles fixes de la premiere & de la feconde grandeur, avec la difference de leur Afcenfion droite & de leur Diftance au même Pole de 10 en 10 ans, à l'ufage de la Navigation.

Noms des Etoiles et de leurs constellations.	Grandeur des Etoiles.	Afcenfion droite en 1730.		Difference de l'afcenfion droite en 10. ans.		Diftance du Pole du Nord en 1730.		Difference de la diftance en 10. ans.	
		D.	M.	M.	S.	D.	M.	M.	S.
Dans la Conftellation de la grande Ourfe, vulgairement dite, *le grand Chariot.* N.									
La premiere des quatre principales du corps vers le ventre.	2.	161.	21.	9.	49.	32.	11.	3.	13.
La feconde des quatre principales du corps vers le dos.	2.	162.	1.	10.	5.	26.	48.	3.	14.
La troifiéme des quatre principales du corps vers la cuiffe.	2.	174.	54.	8.	21.	34.	49.	3.	24.
La quatriéme des quatre principales du corps proche la queüe. .	2½	180.	32.	7.	52.	31.	27.	3.	25.
Celle de la queüe la plus proche du corps.	2.	190.	34.	6.	55.	32.	32.	3.	22.
Celle du milieu de la queüe. . . .	2.	198.	18.	6.	16.	33.	39.	3.	15.
Celle du bout de la queüe. . . .	2.	204.	15.	6.	9.	39.	20.	3.	7.
Dans la C. de la Vierge. N. S.									
Celle de l'Epi.	1.	197.	46.	8.	2.	99.	45.	3.	15.
Dans la Co. du Corbeau. S.									
La plus mer. des trois plus grandes.	3.	185.	0.	8.	0.	111.	55.	3.	24.
Dans la Con. de la Croix. S.									
Celle du bras Occidental.	2½	180.	18.	7.	36.	147.	11.	3.	18.
Celle de la tête.	2.	184.	9.	8.	0.	145.	32.	3.	18.
Celle du pied.	2.	183.	1.	7.	54.	151.	32.	3.	18.
Celle du bras Oriental.	2.	188.	8.	8.	24.	148.	7.	3.	18.
Dans la Co. du Centaure. S.									
Celle du genoüil gauche.	2.	204.	54.	7.	54.	148.	37.	3.	0.
Celle du pied droit.	1.	215.	29.	10.	54.	149.	39.	2.	42.
Dans la Co. du Bouvier. N.									
La plus grande, dite, *Arcturus.* .	1.	210.	51.	7.	12.	69.	23.	2.	56.

NOMS DES ETOILES ET DE LEURS CONSTELLATIONS.	Grandeur des Etoiles.	Ascension droite en 1730.	Différence de l'ascension droite en 10. ans.	Distance du Pole du Nord en 1730	Différence de la distance en 10. ans.
		D. M.	M. S.	D. M.	M. S.
Dans la Co. de la Balance. S.					
La Luisante du Bassin meridional.	2½	219. 2.	8. 25.	104. 54	2. 39.
La Luisante du Bassin septentrional.	2.	225. 38.	8. 13.	98 22.	2. 23.
Dans la Constellation de la Couronne Septentrion. N.					
La pl. grande, d. *la Luisante de la Couro.*	2½	230. 50.	6. 28.	62. 22.	2. 9.
Dans la C. de la pet. Ourse, vulg. dite, *le pet. Chariot.* N.					
Celle du bout de la queüe, dite, *l'Etoile Polaire.*	2.	9. 54.	19. 47.	2. 8	3. 23.
La plus grande du corps, vulgairement dite, *la Claire des Gardes.* .	2.	223. 9.	1. 6.	14. 45.	2. 30.
Dans la Co. du Scorpion. S.					
La Septentrionale de la tête. . . .	2.	237. 29	8. 51.	109. 2.	1. 50.
Celle du cœur, dite, *Antares.* . .	1.	243. 14.	9. 20.	115. 48.	1. 32.
Dans la Co. d'Hercules. N.					
Celle de la tête.	3.	255. 36.	7. 0.	75. 18.	0. 54.
Dans la Constellation du Serpentaire. N. S.					
La Luisante du col du Serpent. . .	2.	232. 45.	7. 31.	82. 43.	2. 4.
Celle de la tête du Serpentaire. .	2.	260. 36.	7. 6.	77. 13.	0. 33.
Dans la Conf. du Dragon. N.					
La Luisante du derriere de la tête.	2.	257. 34	3. 34.	38. 28.	0. 10.
Dans la Co. du Vautour. N.					
La plus grande, dite, *la Lyre.* . . .	1.	276. 57	5. 9.	51. 27.	0. 25.
Dans la Co. du Sagittaire. S.					
La Meridionale de l'Arc.	2½	271. 35.	10. 12.	124. 29.	0. 5.
Dans la Constel. du Pan. S.					
Celle de l'œil, ou la plus Septent.	2.	300. 59	12. 6.	147. 29	1. 42.
Dans la Const. du Signe. N.					
La plus grande, d. *la queüe du Signe.*	2.	308. 1.	5. 15.	45. 40.	2. 6.
Dans La C. du Dauphin. N.					
La plus Orientale.	3.	308. 32.	7. 7.	74. 50.	2. 8.
Dans la C. du Verf. d'eau. S.					
La plus Occidentale de la troisiéme grandeur à l'épaule.	3.	319. 20.	8. 7.	97. 4.	2. 35.

Noms des Etoiles et de leurs Constellations.	Grandeur des Etoiles.	Ascension droite en 1730.		Différence de l'ascension droite en 10. ans.		Distance du Pole du Nord en 1730.		Différence de la distance en 10. ans.	
		D.	M.	M.	S.	D.	M.	M.	S.
Dans la Conf. de Cephée. N.									
La plus proche de l'Etoile Polaire.	3.	352.	11.	5.	55	13.	52.	3.	23.
Dans la Conf. de la Gruë. S.									
Celle de l'aile Occidentale . . .	2.	327.	41.	9.	36.	138.	12.	2.	48.
Celle du corps près de la queüe. .	2.	336.	27.	9.	6.	138.	17.	3.	0
Dans la Constellation du Poisson Meridional. S.									
Celle de la gueule, dite, *Fomalhaut.*	1.	340.	39.	8.	32.	121.	2.	3.	16.
Dans la Constellation du Cheval Pegase. N.									
Celle qui suit les Etoiles de la Croix, dite, *Scheat.*	2.	342.	41.	7.	21.	63.	23.	3.	16.
Celle de l'aile, près de l'épaule, dite, *Markeb.*	2.	342.	50	7.	37.	76.	15.	3.	16.
Celle du bout de l'aile, dite, *Algenib.*	2.	359.	51.	7.	51.	76.	19.	3.	25.
Dans la C. de la Cassiopée. N.									
La luisante du dos de la Chaise. .	2½	358.	45.	7.	42.	32.	19.	3.	25.
Celle de la poitrine, dite, *Schedir.*	2½	6.	22.	8.	21.	34.	56.	3.	24.
Dans la C. d'Andromede. N.									
Celle de la tête.	2.	358.	37.	7.	49.	62.	24	3.	25.
La Luisante de la ceinture, d. *Mirach.*	2.	13.	39.	8.	24.	55.	50.	3.	19.
La Luisante du pied, dite, *Alamac.*	2.	26.	54.	9.	13.	48.	59.	3.	3.
Dans la Conf. du Phenix. S.									
Celle de la tête.	2.	3.	6.	7.	30.	133.	48.	3.	18.
Dans la C. de la Baleine. N.S.									
La luisante de la queüe.	3.	7.	31.	7.	42.	109.	28.	3.	13.
Celle du milieu du corps.	3.	24.	33.	7.	33	101.	43.	3.	6.
La Luisante du devant de la tête. .	2.	42.	4.	8.	0.	86.	59.	2.	32.
Dans la Conf. du Belier. N.									
La Luisante qui est au dessus de la tête.	2.	28.	0	8.	31	67.	50.	3.	1.
Dans la Co. du Taureau. N.									
Celle de l'œil, dite, *Aldebaran.* .	1.	65.	7	8.	46.	74.	4	1.	27.
Celle du bout de la corne Septentr.	2.	77.	19.	9.	39.	61.	39.	0	45.
Dans la Co. du Cocher. N.									
La Luisante de l'épaule, d. *la Chevre.*	1.	74.	13.	11.	13.	44.	18.	0.	58.
Celle de l'épaule suivante.	2.	84.	57.	11.	15.	45.	7.	0.	21.
La Luisante du pied meridional . . .	2.	77.	19.	9.	40.	61.	39.	0.	44.

Noms

NOMS DES ETOILES. ET DE LEURS CONSTELLATIONS.	Grandeur des Etoiles.	Afcenfion droite en 1730.		Différence de l'afcenfion droite en 10. ans		Diftance du Pole du Nord en 1730.		Différence de la diftance en 10. ans.	
		D.	M.	M.	S.	D.	M.	M.	S.
Dans la Conf. d'Orion. N. S.									
La Luifante du pied, dite, *Rigel*.	1.	75.	24.	7.	22.	98.	33.	0.	51.
Celle de l'épaule précedente. . . .	2.	77.	41.	8.	15.	83.	55.	0.	44.
La précedente, ou l'occidentale des 3. de la ceinture, dites, *les 3. Rois.*	2.	79.	34.	7.	50.	90.	32.	0.	37.
Celle du milieu des 3. de la ceinture.	2.	80.	38.	7.	46.	91.	25.	0.	33.
La fuivante, ou l'Orientale des 3. de la ceinture.	2.	81.	48.	7.	44.	92.	7.	0.	30.
Celle de l'épaule fuivante, ou Oric.	1.	85.	9.	8.	18.	82.	41.	0.	17.
Dans la C. de la Colombe. S.									
La Luifante Septentrionale. . . .	2½	82.	32.	5.	24.	124.	11.	0.	24.
La Luifante Meridiqnale.	1½	85.	25.	5.	12.	125.	51.	0.	12.
Dans la Conf. du Navire. S.									
Celle du gouvernail, dite, *Canobus*.	1.	94.	30.	3.	18.	142.	27.	0.	12.
Celle qui eft près du pied du g. Mat.	2.	124.	8.	3.	6.	148.	34.	1.	54.
Dans la C. du fleuve Eridan. S.									
La plus meridionale & la plus grande, dite, *Achenar*.	1.	21.	44.	5.	36.	148.	39.	3.	6.
Dans la C. du grand Chien. S.									
La plus proche de la Colombe au pied de derriere.	2.	85.	24.	5.	24.	125.	52.	0.	18.
Au pied de devant la plus proche d'Orion.	2.	92.	43.	6.	45.	107.	51.	0.	10.
Celle de la gueule, dite, *Sirus*.	1.	98.	20.	6.	52.	106.	21.	0.	30.
Celle de la cuifle.	2½	101.	59.	6.	2.	118.	37.	0.	43.
La Luifante du milieu du corps. .	2½	104.	20.	6.	15.	115.	59.	0.	51.
La Luifante de la queuë.	2½	108.	20.	6.	4.	18.	48.	1.	15.
Dans la C. des Gemeaux. N.									
La Luifante de la tête de Caftor.	2½	109.	21.	9.	55.	57.	33.	1.	18.
Celle de la tête de Pollux.	2.	112.	12.	9.	35.	61.	21.	1.	17.
Dans la C. du petit Chien. N.									
La plus grande aux cuiffes, d. *Procion*	1½	111.	18.	8.	12.	84.	6.	1.	13.
Dans la Conf. de l'Hidre. S.									
La plus grande, dite, *le cœur de l'hidre*.	2.	138.	35.	7.	33.	97.	31.	2.	34.
Dans la Conft. du Lion. S.									
Celle du cœur, dite, *Regulus*. . .	1.	148.	30.	8.	17.	76.	45.	2.	55.
Celle du milieu du corps.	2.	151.	16.	8.	30.	68.	49.	2.	59.
Celle du bout de la queuë.	1½	173.	50.	8.	0.	73.	56.	3.	25.

CHAPITRE VI.

QUI renferme les Tables de l'étoile polaire avec leur usage pour trouver à chaque jour de l'année son passage par le meridien, & à toutes les heures du jour sa déclinaison horisontale & la hauteur du Pole en tous les lieux de la terre, calculées pour l'année 1730. par Monsieur de Cassini, Conseiller du Roy, de l'Académie Royale des Sciences, & Directeur de l'Observatoire Royal, tirées du tome VII. qui renferme l'Histoire de l'Académie Royale des Sciences depuis l'année 1666. jusques à l'année 1699. imprimée à Paris par la Compagnie des Libraires en 1729.

L'Usage des observations de l'étoile polaire dans la Géographie & dans la Navigation, est d'une si grande utilité qu'on a jugé luy devoir donner toute l'étenduë, dont il est capable, & le faciliter par de nouvelles Tables, qui épargneront aux gens de mer le calcul Trigonométrique, qui seroit souvent nécessaire pour cet usage.

On a donc calculé une Table, pour trouver par le moyen de l'observation de la hauteur de l'étoile polaire, les degrés, minutes & secondes de la hauteur du Pole du lieu où on se trouve, & de la déclinaison horisontale de l'étoile polaire dans le même lieu, à toutes les heures données après le passage de cette étoile par le meridien.

Cette Table est calculée pour l'année 1730. & parceque la distance de l'étoile polaire au Pole, fait à présent une variation de vingt secondes par an; l'on en a calculé une autre pour l'année 1760. de dix en dix degrés, qui comparée avec la premiere, donne la difference en 60 ans, dont on pourra prendre la partie proportionnelle pour les années qui sont dans cet intervalle.

L'on y a mis à la tête deux Tables, dont une donne les heures, les minutes, & les secondes du passage de l'étoile polaire par le meridien, pour tous les jours de l'année 1700. elle servira pour époque des années suivantes au meridien de Paris; & se peut réduire aux autres meridiens par les differences des longitudes connuës à peu près. L'autre Table, sert pour réduire l'heure du passage de l'étoile polaire par le meridien en l'année 1700. aux années suivantes, pour tout un Siecle. Le calcul des secondes n'est pas nécessaire pour les gens de Mer.

Etant nécessaire, pour se servir des Tables horaires de l'étoile polaire, de connoître les heures du passage de l'étoile polaire par le meridien dans la partie superieure de son parallele; j'ay calculé la Table du passage de cette étoile par le meridien de Paris, que l'on pourra reduire aux meridiens des autres Villes, ayant égard à la difference de longitude, qu'il suffit de connoître à peu près, à cause qu'en 24 heûres; il n'y a que 4. minutes ou environ de difference dans ce passage; ce qui est en raison de 10 secondes pour une heure, ou quinze degrés de difference de longitude.

Pour construire cette Table; je me suis servi des observations correspondantes de l'étoile polaire, faites avant & après son passage par le meridien, en divers jours des années précedentes, & ayant égard à la variation annuelle; j'ay déterminé l'heure du passage de l'étoile polaire par le meridien, aux jours correspondants de l'année 1700. que j'ay prise pour Epoque; j'ay ensuite calculé, pour tous les jours de l'année 1700. l'heure du passage de l'étoile polaire par le moyen des differences journalieres du Soleil, en ascension droite, négligeant la variation journaliere de l'ascension droite de l'étoile polaire, qui n'est que de 7 ou 8 secondes en une année; les heures sont comptées dans cette Table, depuis le midy du jour, vis-à-vis duquel elles sont marquées; & l'on a mis sur la Table, *dessus*, lorsque le passage de l'étoile polaire par le meridien est dans

la partie superieure deson parallele, & *dessous*, lorsqu'il est
dans la partie inferieure.

L'on voit par cette Table, qu'il y a quelques jours dans
l'année, où la lumiere du jour, ne permet pas de l'observer icy à son passage par le meridien, ny dessus, ny dessous,
comme dans les mois de Juin ou de Juillet; il y a aussi en re-
compense quelques jours, où on la peut observer à son passage par le meridien dans la partie superieure, & dans l'inferieure de son Cercle, comme dans une partie des mois
de Décembre & de Janvier.

TABLE du Passage de l'Etoile Polaire par le Meridien en l'année 1700.

Jours.	JANVIER. dessus.	FEVRIER. dessous.	MARS. dessous.	AVRIL. dessous.	MAY. dessous.	JUIN. dessous.
	H. M. S.	H. M. S.	H. M. S.	H. M. S.	H. M. S.	H. M. S.
1.	5.44.28.	15.31.18.	13.43.26.	11.50.35.	9.59.28.	7.56.43.
2.	5.40.3.	15.27.17.	13.39.43.	11.46.57.	9.55.39.	7.52.37.
3.	5.35.39.	15.23.16.	13.36.1.	11.43.19.	9.51.49.	7.48.32.
4.	5.31.16.	15.19.16.	13.32.20.	11.39.41.	9.47.59.	7.44.26.
5.	5.26.54.	15.15.17.	13.28.39.	11.36.3.	9.44.9.	7.40.19.
6.	5.22.33.	15.11.19.	13.24.59.	11.32.25.	9.40.18.	7.36.12.
7.	5.18.13.	15.7.22.	13.21.18.	11.28.46.	9.36.26.	7.32.5.
8.	5.13.53.	15.3.26.	13.17.38.	11.25.5.	9.32.33.	7.27.58.
9.	5.9.34.	14.59.31.	13.13.58.	11.21.28.	9.28.40.	7.23.50.
10.	5.5.15.	14.55.36.	13.10.19.	11.17.48.	9.24.46.	7.19.43.
11.	5.0.57.	14.51.42.	13.6.40.	11.14.9.	9.20.51.	7.15.35.
12.	4.56.39.	14.47.49.	13.3.2.	11.10.29.	9.16.56.	7.11.27.
13.	4.52.22.	14.43.56.	12.59.23.	11.6.48.	9.13.0.	7.7.19.
14.	4.48.6.	14.40.4.	12.55.45.	11.3.7.	9.9.4.	7.3.11.
15.	4.43.50.	14.36.13.	12.52.7.	10.59.26.	9.5.7.	6.59.3.
16.	4.39.35.	14.32.23.	12.48.29.	10.55.45.	9.1.10.	6.54.54.
17.	4.35.21.	14.28.34.	12.44.51.	10.52.3.	8.57.13.	6.50.45.
18.	4.31.8.	14.24.45.	12.41.14.	10.48.20.	8.53.15.	6.46.37.
19.	4.26.55.	14.20.56.	12.37.38.	10.44.37.	8.49.16.	6.42.28.
20.	4.22.42.	14.17.8.	12.34.1.	10.40.54.	8.45.16.	6.33.19.
21.	4.18.30.	14.13.21.	12.30.24.	10.37.10.	8.41.16.	6.34.11.
22.	4.14.19.	14.9.35.	12.26.47.	10.33.27.	8.37.15.	6.30.3.
23.	4.10.9.	14.5.49.	12.23.10.	10.29.43.	8.33.13.	6.25.54.
24.	4.6.0.	14.2.4.	12.19.33.	10.25.58.	8.29.12.	6.21.46.
25.	4.1.52.	13.58.19.	12.15.56.	10.22.12.	8.25.10.	6.17.37.
26.	3.57.45.	13.54.35.	12.12.19.	10.18.26.	8.21.8.	6.13.29.
27.	3.53.39.	13.50.52.	12.8.42.	10.14.40.	8.17.5.	6.9.21.
28.	3.49.34.	13.47.9.	12.5.4.	10.10.53.	8.13.1.	6.5.13.
29.	3.45.30.		12.1.27.	10.7.5.	8.8.57.	6.1.5.
30.	3.41.26.		11.57.50.	10.3.17.	8.4.53.	5.56.58.
31.	3.37.22.		11.54.13.		8.0.48.	
	15.35.20.					

TABLE du Passage de l'Etoile Polaire par le Meridien en l'année 1700.

Jours	JUILLET. dessous.	AOUST. dessus.	SEPTEMBRE. dessus.	OCTOBRE. dessus.	NOVEMBRE. dessus.	DECEMBRE. dessus.
	H. M. S.	H. M. S	H. M. S	H. M. S.	H. M. S.	H. M. S.
1.	5. 52. 51.	15. 47. 1.	13. 51. 40.	12. 3. 39.	10. 6. 47.	8. 2. 15.
2.	5. 48. 44.	15. 43. 9.	13. 48 3.	12. 0. 1.	10. 2. 50.	7. 57. 54.
3.	5. 44. 37.	15. 39. 18.	13. 44. 26.	11. 56. 22.	9. 58. 52.	7. 53. 33.
4.	5. 40. 31.	15. 35. 28.	13. 40. 50.	11. 52. 43.	9. 54. 53.	7. 49. 12.
5.	5. 36. 25.	15. 31. 39.	13. 37. 13.	11. 49. 4.	9. 50. 53	7. 44. 50.
6.	5. 32. 20.	15. 27. 50.	13. 33. 37.	11. 45. 25.	9. 46. 53.	7. 40. 28.
7.	5. 28. 15.	15. 24. 2.	13. 30. 1.	11. 41. 45.	9 42. 52.	7. 36. 5.
8.	5. 24. 10.	15. 20. 15.	13. 26. 26.	11. 38. 4.	9. 38. 50.	7. 31. 42.
9.	5. 20. 6.	15. 16. 28.	13. 22. 51.	11. 34. 23.	9. 34. 47.	7. 27. 18.
10.	5. 16. 2.	15. 12. 42.	13. 19. 15.	11. 30. 41.	9. 30. 43.	7. 22. 54.
11.	5. 11. 58.	15. 8. 56.	13. 15. 40.	11. 26. 59	9. 26. 39.	7. 18. 29.
12.	5. 7. 55.	15. 5. 10.	13. 12. 4.	11. 23. 16.	9. 22. 33.	7. 14. 5.
13.	5. 3. 52.	15. 1. 25.	13. 8. 29.	11. 19. 33.	9. 18. 27.	7. 9. 41.
14.	4. 59. 50.	14. 57. 41.	13. 4. 54.	11. 15. 49.	9. 14. 20.	7. 5. 16.
15.	4. 55. 49.	14. 53. 57.	13. 1. 18.	11. 12. 4.	9. 10. 12.	7. 0. 50.
16.	4. 51. 48.	14. 50. 14.	12. 57. 43.	11. 8. 18.	9. 6. 3.	6. 56. 24.
17.	4. 47. 47.	14. 46. 32.	12. 54. 8.	11. 4. 32	9. 1. 52.	6. 51. 58.
18.	4. 43. 47.	14. 42. 50.	12. 50. 32.	11. 0. 46.	8. 57. 41.	6. 47. 32.
19.	4. 39. 48.	14. 39. 8.	12. 46. 57.	10. 57. 0.	8. 53. 30.	6. 43. 6.
20.	4. 35. 49.	14. 35. 27.	12. 43. 21.	10. 53. 13.	8. 49. 18.	6. 38. 41.
21.	4. 31. 50.	14. 31. 47.	12. 39. 45.	10. 49. 25.	8. 45. 5.	6. 34. 15.
22.	4. 27. 52.	14. 28. 6.	12. 36. 9.	10. 45. 36.	8. 40. 50.	6. 29. 49.
23.	4. 23. 54.	14. 24 26.	12. 32. 34.	10. 41. 47.	8. 36. 35.	6. 25. 23.
24.	4. 19. 57.	14. 20. 46.	12. 28. 58.	10. 37. 56.	8. 32. 20.	6. 20. 58.
25.	4. 16. 1.	14. 17. 6.	12. 25. 21.	10. 34. 5.	8. 28. 4.	6. 16. 32.
26.	4. 12. 6.	14. 13. 26.	12. 21. 45.	10. 30. 13.	8. 23. 48.	6. 12. 7.
27.	4. 8. 11.	14. 9. 46.	12. 18. 8.	10. 26. 21.	8. 19. 31.	6. 7. 41.
28.	4. 4. 17.	14. 6. 8.	12. 14. 31.	10. 22. 27.	8. 15. 13.	6. 3. 16.
29.	4. 0. 24.	14. 2. 30.	12. 10. 54.	10. 18. 33.	8. 10. 54.	5. 58. 51.
30.	3. 56. 31.	13. 57. 53	12. 7. 17.	10. 14. 38.	8. 6. 35.	5. 54. 26.
31.	3. 52. 49.	13. 55. 17.		10. 10. 43.		5. 50. 0.

Cette Table étant pour l'année 1700. l'on en a calculé une autre, qui sert à réduire l'heure du passage de l'étoile polaire par le meridien aux années suivantes, pour tout un Siecle. Cette réduction est fondée, sur ce que le Soleil retourne au même point du Zodiaque, en 365 jours 5 heures 49 minutes : donc après une année commune de 365 jours, il s'en faut 5 heures 49 minutes, qu'il ne soit retourné au même point du Zodiaque.

. Le moyen mouvement du Soleil en 24 heures, étant de 59 minutes, 8 secondes, 20 tierces, qui passent par le meridien en 3 minutes, 55 secondes, 55 tierces ; prenant la partie proportionnelle qui convient à 5 heures 49 minutes ; l'on aura 57 secondes, 15. tierces pour le tems que le passage du Soleil par le meridien, anticipe le passage du lieu du Zodiaque, où le Soleil étoit avec l'étoile polaire l'année précédente ; & de même le mouvement de l'étoile polaire en ascension droite, pendant une année, étant de 1 minute, 54 secondes, qui passent par le meridien en 7 secondes, 35 tierces d'heure ; ce tems est le retardement du passage de l'étoile polaire par le meridien, à l'égard du passage du lieu du Zodiaque, où elle étoit avec le Soleil l'année précédente ; c'est pourquoi si on l'ajoûte à 57″ 19‴ anticipation du passage du Soleil, à l'égard de ce lieu du Zodiaque, l'on a 1′ 4″ 50‴ pour le tems que le passage du Soleil anticipe celui de l'étoile polaire, après une année commune ; en 4 années, cette anticipation du Soleil, ou bien le retardement de l'étoile polaire, monte à 4′ 19″ 20‴ mais à cause du jour bissextile qu'on ajoûte à la quatriéme année au mois de Février, l'on en retranche l'anticipation d'un jour, qui est de 3′ 55″ 55‴ & reste le retardement de 0′ 23″ 25‴ ou 0′ 23″ comme on peut voir dans la Table.

J'ay employé dans le calcul de cette seconde Table, le moyen mouvement du Soleil, qui donne le tems exact pour les jours de l'année, que le vray mouvement s'accorde avec le moyen.

J'ay calculé à part la reduction que l'on pourroit faire
pour les autres jours de l'année ; & ayant trouvé qu'elle
ne monte qu'à peu de fecondes qui ne font pas fenfibles
dans le tems du paffage de l'étoile polaire, j'ay crû qu'il
n'étoit pas néceffaire d'y avoir égard.

Pour fçavoir l'heure du paffage de l'étoile polaire par le
meridien, à tous les jours de l'annéë pour tout un Siecle ;
il faut prendre l'heure qui eft marquée dans la premiere Table, vis-à-vis le jour donné, & y ajoûter celle qui eft
marquée dans la feconde Table, vis-à-vis l'année que l'on
fouhaite. Dans les années biffextiles ; il faut ajoûter de plus
jufqu'au 29. de Février, le moyen mouvement qui convient à un jour, ou bien fe fervir du paffage du jour pré-
cédent.

TABLE

TABLE

POUR réduire l'heure du Paſſage de l'Etoile Polaire par le Meridien de l'année 1700. aux années ſuivantes.

Années	H. M. S	Années	H. M. S.	Années	H. M. S.	Années	H. M. S.
1700.	0. 0. 0.	1725.	0. 3. 25.	1750.	0. 6. 51	1775.	0. 10. 16.
1701.	0. 1. 5.	1726.	0. 4. 30.	1751.	0. 7. 56.	1776.	0. 7. 25.
1702	0. 2. 10.	1727.	0. 5. 35.	1752.	0. 5. 4	1777.	0. 8. 30.
1703.	0. 3. 15.	1728.	0. 2. 44.	1753.	0. 6. 9.	1778.	0. 9. 35.
1704.	0. 0. 23.	1729.	0. 3. 49.	1754.	0. 7. 14.	1779.	0. 10. 39.
1705.	0. 1. 28	1730.	0. 4. 54.	1755.	0. 8. 19	1780.	0. 7. 48.
1706.	0. 2. 33.	1731	0. 5. 58.	1756.	0. 5. 28.	1781.	0. 8. 53.
1707.	0. 3. 38.	1732.	0. 3. 7.	1757.	0. 6. 33	1782.	0. 9. 58.
1708.	0. 0. 47.	1733.	0. 4. 12.	1758.	0. 7. 38.	1783.	0. 11. 3.
1709.	0. 1. 52.	1734.	0. 5. 17.	1759.	0. 8. 42.	1784.	0. 8. 12.
1710.	0. 2. 56.	1735.	0. 6. 22.	1760.	0. 5. 51.	1785.	0. 9. 17.
1711.	0. 4. 1.	1736.	0. 3. 31.	1761.	0. 6. 56.	1786.	0. 10. 21
1712.	0. 1. 10.	1737.	0. 4. 36.	1762.	0. 8. 1.	1787.	0. 11. 26
1713.	0. 2. 15.	1738.	0. 5. 40.	1763.	0. 9. 6.	1788.	0. 8. 35.
1714.	0. 3. 20.	1739.	0. 6. 45.	1764.	0. 6. 15.	1789.	0. 9. 41.
1715.	0. 4. 25.	1740.	0. 3. 54.	1765.	0. 7. 19.	1790.	0. 10. 46.
1716.	0. 1. 33.	1741.	0. 4. 59.	1766.	0. 8. 24.	1791.	0. 11. 51.
1717.	0. 2. 38.	1742.	0. 6. 4.	1767.	0. 9. 29.	1792.	0. 8. 59.
1718.	0. 3. 43.	1743.	0. 7. 9.	1768.	0. 6. 38	1793.	0. 10. 3.
1719.	0. 4. 48.	1744.	0. 4. 18.	1769.	0. 7. 43	1794.	0. 11. 8.
1720.	0. 1. 57	1745.	0. 5. 22.	1770.	0. 8. 48.	1795.	0. 12. 13.
1721.	0. 3. 2.	1746.	0. 6. 27.	1771.	0. 9. 53.	1796.	0. 9. 22.
1722.	0. 4. 7.	1747.	0. 7. 32.	1772.	0. 7. 1.	1797.	0 10. 27.
1723.	0. 5. 12.	1748.	0. 4. 41.	1773.	0. 8. 6	1798.	0. 11. 32.
1724.	0. 2. 20.	1749.	0. 5. 46.	1774.	0. 9. 11.	1799.	0. 12. 37.
1725.	0. 3. 25.	1750.	0. 6. 51.	1775.	0. 10. 16.	1800.	0. 9. 45.

L

TABLE
DES HAUTEURS DU POLE

ET

DES DECLINAISONS HORISONTALES

DE L'ETOILE POLAIRE

A TOUTES LES HEURES DU JOUR

ET A TOUS LES DEGRE'S

DE LA HAUTEUR DE L'ETOILE POLAIRE

Pour l'Année 1700.

Par M. DE CASSINI.

Haut. de l'Er. pol. D.	Hauteur du Pole. D.	M.	S.	Déclinaison horisontale. D.	M.	S.
0.	2.	18.	0.	0.	0.	0.
1.	1.	18.	0.	0.	0.	0.
2.	0.	18.	0.	0.	0.	0.
3.	0.	42.	0.	0.	0.	0.
4.	1.	42.	0.	0.	0.	0.
5.	2.	42.	0.	0.	0.	0.
6.	3.	42.	0.	0.	0.	0.
7.	4.	42.	0.	0.	0.	0.
8.	5.	42.	0.	0.	0.	0.
9.	6.	42.	0.	0.	0.	0.
10.	7.	42.	0.	0.	0.	0.
11.	8.	42.	0.	0.	0.	0.
12.	9.	42.	0.	0.	0.	0.
13.	10.	42.	0.	0.	0.	0.
14.	11.	42.	0.	0.	0.	0.
15.	12.	42.	0.	0.	0.	0.
16.	13.	42.	0.	0.	0.	0.
17.	14.	42.	0.	0.	0.	0.
18.	15.	42.	0.	0.	0.	0.
19.	16.	42.	0.	0.	0.	0.
20.	17.	42.	0	0.	0.	0.
21.	18.	42.	0.	0.	0.	0.
22.	19.	42.	0.	0.	0.	0.
23.	20.	42.	0	0.	0.	0.
24.	21.	42.	0.	0.	0.	0.
25.	22.	42.	0.	0.	0.	0.
26.	23.	42.	0.	0.	0.	0.
27.	24.	42.	0.	0.	0.	0.
28.	25.	42.	0.	0.	0.	0.
29.	26.	42.	0.	0.	0.	0.
30.	27.	42.	0.	0.	0.	0.
31.	28.	42.	0.	0.	0.	0.
32.	29.	42.	0.	0.	0.	0.
33.	30.	42.	0.	0.	0.	0.
34.	31.	42.	0.	0.	0.	0.
35.	32.	42.	0.	0.	0.	0.
36.	33.	42.	0.	0.	0.	0.
37.	34.	42.	0.	0.	0.	0.
38.	35.	42.	0.	0.	0.	0.
39.	36.	42.	0.	0.	0.	0
40.	37.	42.	0.	0.	0.	0.
41.	38.	42.	0.	0.	0.	0.
42.	39.	42.	0.	0.	0.	0.
43.	40.	42.	0.	0.	0.	0.
44.	41.	42.	0.	0.	0.	0.
45.	42.	42.	0.	0.	0.	0.

Haut. de l'Er. pol. D.	Hauteur du Pole. D.	M.	S.	Déclinaison horisontale. D.	M.	S.
45.	42.	42.	0	0.	0.	0.
46.	43.	42.	0	0.	0.	0.
47.	44.	42.	0	0.	0.	0.
48.	45.	42.	0	0.	0.	0.
49.	46.	42.	0	0.	0.	0.
50.	47.	42.	0	0.	0.	0.
51.	48.	42.	0	0.	0.	0.
52.	49.	42.	0	0.	0.	0.
53.	50.	42.	0	0.	0.	0.
54.	51.	42.	0.	0.	0.	0.
55.	52.	42.	0	0.	0.	0.
56.	53.	42.	0.	0.	0.	0.
57.	54.	42.	0.	0.	0.	0.
58.	55.	42.	0.	0.	0.	0.
59.	56.	42.	0.	0.	0.	0.
60.	57.	42.	0.	0.	0.	0.
61.	58.	42.	0.	0.	0.	0.
62.	59.	42.	0.	0.	0.	0.
63.	60.	42.	0.	0.	0.	0.
64.	61.	42.	0.	0.	0.	0.
65.	62.	42.	0.	0.	0.	0.
66.	63.	42.	0.	0.	0.	0.
67.	64.	42.	0.	0.	0.	0.
68.	65.	42.	0.	0.	0.	0.
69.	66.	42.	0.	0.	0.	0.
70.	67.	42.	0.	0.	0.	0.
71.	68.	42.	0.	0.	0.	0.
72.	69.	42.	0.	0.	0.	0.
73.	70.	42.	0.	0.	0.	0.
74.	71.	42.	0.	0.	0.	0.
75.	72.	42.	0.	0.	0.	0.
76.	73.	42.	0.	0.	0.	0.
77.	74.	42.	0.	0.	0.	0.
78.	75.	42.	0.	0.	0.	0.
79.	76.	42.	0.	0.	0.	0.
80.	77.	42.	0.	0.	0.	0.
81.	78.	42.	0.	0.	0.	0.
82.	79.	42.	0.	0.	0.	0.
83	80.	42.	0.	0.	0.	0.
84.	81.	42.	0.	0.	0.	0.
85	82.	42.	0.	0.	0.	0.
86.	83.	42.	0.	0.	0.	0.
87.	84.	42.	0.	0.	0.	0.
88.	85.	42.	0.	0.	0.	0.
89.	86.	42.	0.	0.	0.	0.
90.	87.	42.	0.	0.	0.	0.

Haut. de l'Ét. pol. D	Hauteur du Pole D	M	S	Déclinaison horizontale D	M	S
0.	2.	13.	19	0	35.	42
1.	1.	13.	19	0	35.	43
2.	0.	13.	19	0	35.	44
3.	0.	46.	41	0	35.	46
4.	1.	46.	41	0	35.	48
5.	2.	46.	42	0	35.	51
6.	3.	46.	42	0	35.	56
7.	4.	46.	42	0	36.	1
8.	5.	46.	42	0	36.	6
9.	6.	46.	42	0	36.	11
10.	7.	46.	42	0	36.	16
11.	8.	46.	43	0	36.	22
12.	9.	46.	43	0	36.	29
13.	10.	46.	43	0	36.	38
14.	11.	46.	44	0	36.	48
15.	12.	46.	44	0	36.	58
16.	13.	46.	44	0	37.	9
17.	14.	46.	45	0	37.	21
18.	15.	46.	45	0	37.	33
19.	16.	46.	45	0	37.	46
20.	17.	46.	46	0	38.	0
21.	18.	46.	46	0	38.	14
22.	19.	46.	46	0	38.	29
23.	20.	46.	46	0	38.	46
24.	21.	46.	46	0	39.	4
25.	22.	46.	46	0	39.	24
26.	23.	46.	47	0	39.	44
27.	24.	46.	47	0	40.	5
28.	25.	46.	47	0	40.	27
29.	26.	46.	47	0	40.	50
30.	27.	46.	47	0	41.	14
31.	28.	46.	47	0	41.	39
32.	29.	46.	48	0	42.	6
33.	30.	46.	48	0	42.	34
34.	31.	46.	48	0	43.	4
35.	32.	46.	48	0	43.	36
36.	33.	46.	48	0	44.	9
37.	34.	46.	49	0	44.	43
38.	35.	46.	49	0	45.	19
39.	36.	46.	49	0	45.	57
40.	37.	46.	49	0	46.	37
41.	38.	46.	50	0	47.	19
42.	39.	46.	51	0	48.	3
43.	40.	46.	51	0	48.	50
44.	41.	46.	52	0	49.	39
45.	42.	46.	53	0	50.	30

Haut. de l'Ét. pol. D	Hauteur du Pole D	M	S	Déclinaison horizontale D	M	S
45	42.	46.	53	0.	50.	30
46	43.	46.	53	0.	51.	24
47	44.	46.	54	0.	52.	21
48	45.	46.	54	0.	53.	22
49	46.	46.	55	0.	54.	26
50	47.	46.	56	0.	55.	33
51	48	46.	56	0.	56.	44
52	49.	46.	56	0.	58.	0
53	50.	46.	56	0.	59.	21
54	51.	46.	56	1.	1.	46
55	52.	46.	56	1.	2.	16
56	53.	46.	57	1.	3.	51
57	54.	46.	57	1.	5.	34
58	55.	46.	58	1.	7.	23
59	56.	46.	58	1.	9.	19
60	57.	46.	59	1.	11.	25
61	58.	47.	0	1.	13.	40
62	59.	47.	1	1.	16.	4
63	60.	47.	2	1.	18.	40
64	61.	47.	3	1.	21.	28
65	62.	47.	5	1.	24.	30
66	63.	47.	6	1.	27.	48
67	64.	47.	7	1.	31.	24
68	65.	47.	9	1.	35.	19
69	66.	47.	10	1.	39.	39
70	67.	47.	12	1.	44.	25
71	68.	47.	14	1.	49.	41
72	69.	47.	16	1.	55.	34
73	70.	47.	18	2.	2.	10
74	71.	47.	21	2.	19.	35
75	72.	47.	23	2.	18.	0
76	73.	47.	26	2.	27.	39
77	74.	47.	29	2.	38.	50
78	75.	47.	33	2.	51.	49
79	76.	47.	38	3.	7.	14
80	77.	47.	44	3.	25.	45
81	78.	47.	51	3.	48.	26
82	79.	48.	0	4.	16.	48
83	80.	48.	11	4.	53.	22
84	81.	48.	27	5.	42.	11
85	82.	48.	48	6.	50.	42
86	83.	49.	21	8.	33.	48
87	84.	50.	15	11.	26.	51
88	85.	52.	7	17.	18.	56
89	86.	58.	28	36.	31.	30
90						

Colonnes : **D.** = Hauteur de l'Eq. pol. ; **Hauteur du Pole** (D. M. S.) ; **Déclinaison horisontale** (D. M. S.)

D.	Pole D.	Pole M.	Pole S.	Décl. D.	Décl. M.	Décl. S.
0.	1.	59.	37.	1.	8.	59.
1.	0.	59.	37.	1.	9.	1.
2.	0.	0.	24.	1.	9.	4
3.	1.	0.	25.	1.	9.	7
4.	1.	0.	25.	1.	9.	11.
5.	3.	0.	16.	1.	9.	15.
6.	4.	0.	26.	1.	9.	21.
7.	5.	0.	27.	1.	9.	29.
8.	6.	0.	28.	1.	9.	39.
9.	7.	0.	29.	1.	9.	50.
10.	8.	0.	30.	1.	10.	3.
11.	9.	0.	30.	1.	10.	17.
12.	10.	0.	31.	1.	10.	32.
13.	11.	0.	31.	1.	10.	48.
14.	12.	0.	32.	1.	11.	6.
15.	13.	0.	33.	1.	11.	25.
16.	14.	0.	33.	1.	11.	45.
17.	15.	0.	34.	1.	12.	7.
18.	16.	0.	35.	1.	12.	30.
19.	17.	0.	36.	1.	12.	54.
20.	18.	0.	37.	1.	13.	25.
21.	19.	0.	38.	1.	13.	54
22.	20.	0.	39.	1.	14.	25.
23.	21.	0.	40.	1.	14.	57.
24.	22.	0.	41.	1.	15.	31.
25.	23.	0.	43.	1.	16.	7.
26.	24.	0.	44	1.	16.	45.
27.	25.	0.	45	1.	17.	25.
28.	26.	0.	46.	1.	18.	8.
29.	27.	0.	47.	1.	18.	53.
30.	28.	0.	48.	1.	19.	40.
31.	29.	0.	49.	1.	20.	29.
32.	30.	0.	50.	1.	21.	21.
33.	31.	0.	51.	1.	22.	16.
34.	32.	0.	52.	1.	23.	13.
35.	33.	0.	53.	1.	24.	16.
36.	34.	0.	53.	1.	25.	16.
37.	35.	0.	54.	1.	26.	23.
38.	36.	0.	55.	1.	27.	33.
39.	37.	0.	56.	1.	28.	47.
40.	38.	0.	57.	1.	30.	4.
41.	39.	0.	58.	1.	31.	25.
42.	40.	0.	59.	1.	32.	50.
43	41.	0.	0.	1.	34.	20.
44.	42.	0.	1.	1.	35.	54.
45.	43.	1.	3.	1.	37.	34.

D.	Pole D.	Pole M.	Pole S.	Décl. D.	Décl. M.	Décl. S.
45.	43.	1.	3.	1.	37.	34.
46.	44.	1.	5.	1.	39.	19
47.	45.	1.	7.	1.	41.	9.
48.	46.	1.	9.	1.	43.	6
49.	47.	1.	11.	1.	45.	10
50.	48.	1.	13.	1.	47.	20
51.	49.	1.	15.	1.	49.	37.
52.	50.	1.	17.	1.	52.	4.
53.	51.	1.	19.	1.	54.	39.
54.	52.	1.	21.	1.	57.	23.
55.	53.	1.	23.	2.	0.	17.
56.	54.	1.	26.	2.	3.	23.
57.	55.	1.	28.	2.	6.	41.
58.	56.	1.	30.	2.	10.	12.
59.	57.	1.	33.	2.	13.	58.
60.	58.	1.	35.	2.	18.	0.
61.	59.	1.	38.	2.	22.	10.
62.	60.	1.	41.	2.	26.	59.
63.	61.	1.	45.	2.	32.	0.
64.	62.	1.	49.	2.	37.	29.
65.	63.	1.	53	2.	43.	17.
66.	64.	1.	57.	2.	49	40
67.	65.	2.	2.	2.	56.	37.
68.	66.	2.	7.	3.	4.	14
69.	67.	2.	13.	3.	12.	36.
70.	68.	2.	18.	3.	21.	48
71.	69.	2.	24.	3.	32.	1.
72.	70.	2.	31.	3.	43.	23.
73.	71.	2.	39.	3.	56.	7
74.	72.	2.	48.	4.	10.	50
75.	73.	2.	59.	4.	26.	47
76.	74.	3.	11.	4.	45.	29
77.	75.	3.	24.	5.	7.	4
78.	76.	3.	39.	5.	32.	19.
79.	77.	8.	57.	6.	2.	11
80.	78.	4.	19.	6.	38.	8.
81.	79.	4.	46.	7.	22.	11.
82.	80.	5.	20.	8.	17.	23
83.	81.	6.	4.	9.	28.	38.
84.	82.	7.	2.	11.	4.	4.
85.	83.	8.	25.	13.	18.	38.
86.	84.	10.	30.	16.	43.	5.
87.	85.	13.	55.	22.	32.	42
88.	86.	22.	9.	35.	5.	53
89.	87.					
90.	88.					

Haut. de l'Et. pol. D.	Hauteur du Pole. D. M. S.	Déclinaison horisontale. D. M. S.	Haut. de l'Et. pol. D.	Hauteur du Pole. D. M. S.	Déclinaison horisontale. D. M. S.
0.	1. 37. 39.	1. 37. 34.	45.	43. 23. 43.	2. 18. 0.
1.	0. 37. 38.	1. 37. 36.	46.	44. 23. 46.	2. 20. 28.
2.	0. 22. 23.	1. 37. 39.	47.	45. 23. 50.	2. 23. 5.
3.	1. 22. 25.	1. 37. 43.	48.	46. 23. 53.	2. 25. 50.
4.	2. 22. 26.	1. 37. 49.	49.	47. 23. 56.	2. 28. 44.
5.	3. 22. 28.	1. 37. 57.	50.	48. 24. 0.	2. 31. 49.
6.	4. 22. 29.	1. 38. 7.	51.	49. 24. 3.	2. 35. 5.
7.	5. 22. 31.	1. 38. 18.	52.	50. 24. 7.	2. 38. 31.
8.	6. 22. 32.	1. 38. 31.	53.	51. 24. 11.	2. 42. 10.
9.	7. 22. 34.	1. 38. 46.	54.	52. 24. 14.	2. 46. 2.
10.	8. 22. 35.	1. 39. 4.	55.	53. 24. 18.	2. 50. 9.
11.	9. 22. 37.	1. 39. 23.	56.	54. 24. 23.	2. 54. 32.
12.	10. 22. 39.	1. 39. 44.	57.	55. 24. 28.	2. 59. 12.
13.	11. 22. 40.	1. 40. 7.	58.	56. 24. 33.	3. 4. 11.
14.	12. 22. 42.	1. 40. 33.	59.	57. 24. 39.	3. 9. 30.
15.	13. 22. 44.	1. 41. 1.	60.	58. 24. 44.	3. 15. 13.
16.	14. 22. 46.	2. 41. 31.	61.	59. 24. 50.	3. 21. 20.
17.	15. 22. 47.	1. 42. 3.	62.	60. 24. 57.	3. 27. 55.
18.	16. 22. 49.	1. 42. 37.	63.	61. 25. 4.	3. 35. 1.
19.	17. 22. 50.	1. 43. 13.	64.	62. 25. 11.	3. 42. 42.
20.	18. 22. 52.	1. 43. 50.	65.	63. 25. 19.	3. 51. 0.
21.	19. 22. 54.	1. 44. 30	66.	64. 25. 28.	4. 0. 3.
22.	20. 22. 55.	1. 45. 13.	67.	65. 25. 38.	4. 9. 53.
23.	21. 22. 56.	1. 45. 50.	68.	66. 25. 49.	4. 20. 40.
24.	22. 22. 58.	1. 46. 48.	69.	67. 26. 0.	4. 32. 30.
25.	23. 22. 59.	1. 47. 39.	70.	68. 26. 11.	4. 45. 34.
26.	24. 23. 1.	1. 48. 33.	71.	69. 26. 23.	5. 0. 1.
27.	25. 23. 3.	1. 49. 30.	72.	70. 26. 38.	5. 16. 8.
28.	26. 23. 4.	1. 50. 30.	73.	71. 26. 55.	5. 34. 13.
29.	27. 23. 6.	1. 51. 33.	74.	72. 27. 13.	5. 54. 33.
30.	28. 23. 8.	1. 52. 40.	75.	73. 27. 33.	6. 17. 40.
31.	29. 23. 10.	1. 53. 50.	76.	74. 27. 56.	6. 44. 10.
32.	30. 23. 13.	1. 55. 4.	77.	75. 27. 22.	7. 14. 50.
33.	31. 23. 15	1. 56. 21.	78.	76. 28. 54.	7. 50. 40.
34.	32. 23. 18.	1. 57. 42.	79.	77. 29. 31.	8. 33. 10.
35.	33. 23. 20.	1. 59. 7.	80.	78. 30. 15.	9. 24. 20.
36.	34. 23. 22.	2. 0. 37.	81.	79. 31. 10.	10. 27. 5.
37.	35. 23. 24.	2. 2. 11.	82.	80. 32. 18.	11. 45. 54.
38.	36. 23. 27.	2. 3. 50.	83.	81. 33. 48.	13. 27. 54.
39.	37. 23. 29.	2. 5. 34.	84.	82. 35. 47.	15. 0. 9.
40.	38. 23. 31.	2. 7. 23.	85	83. 38. 37.	19. 0. 5.
41.	39. 23. 34.	2. 9. 18.	86.	84. 43. 2.	24. 0. 17.
42.	40. 23. 36.	2. 11. 18.	87.	85. 51. 4.	32. 50. 4.
43.	41. 23. 38.	2. 13. 25.	88.	87. 26. 51.	54. 24. 10.
44.	42. 23. 41.	2. 15. 39.	89.		
45.	43. 23. 43.	2. 18. 0.	90.		

Haut. de l'Er. pol. D.	Hauteur du Pole. D. M. S.	Déclinaison horisontale. D. M. S.
0.	1. 9. 3.	1. 59. 30.
1.	0. 9. 1.	1. 59. 32.
2.	0. 51. 1.	1. 59. 35.
3.	1. 51. 3.	1. 59. 40.
4.	2. 51. 5.	1. 59. 48.
5.	3. 51. 7.	1. 59. 58.
6.	4. 51. 9.	2. 0. 10.
7.	5. 51. 11.	2. 1. 24.
8.	6. 51. 14.	2. 0. 41.
9.	7. 51. 16.	2. 0. 0.
10.	8. 51. 19.	2. 1. 21.
11.	9. 51. 21.	2. 1. 44.
12.	10. 51. 23.	2. 2. 9.
13.	11. 51. 26.	2. 2. 37.
14.	12. 51. 28.	2. 3. 9.
15.	13. 51. 30.	2. 3. 43.
16.	14. 51. 33.	2. 4. 19.
17.	15. 51. 35.	2. 4. 57.
18.	16. 51. 38.	2. 5. 39.
19.	17. 51. 40.	2. 6. 24.
20.	18. 51. 43.	2. 7. 11.
21.	19. 51. 45.	2. 8. 1.
22.	20. 51. 48.	2. 8. 54.
23.	21. 51. 50	2. 9. 50.
24.	22. 51. 53.	2. 10. 49.
25.	23. 51. 55.	2. 11. 52.
26.	24. 51. 58.	2. 12. 58.
27.	25. 52. 1.	2. 14. 8.
28.	26. 52. 3.	2. 15. 21.
29.	27. 52. 6.	2. 16. 38.
30.	28. 52. 9.	2. 18. 0.
31.	29. 52. 12.	2. 19. 26.
32.	30. 52. 15.	2. 20. 56.
33.	31. 52. 19.	2. 22. 31.
34.	32. 52. 22.	2. 24. 10.
35.	33. 52. 25.	2. 25. 54.
36.	34. 52. 28.	2. 27. 44.
37.	35. 52. 31.	2. 29. 38.
38.	36. 52. 35	2. 31. 40.
39.	37. 52. 38.	2. 33. 47
40.	38. 52. 41.	2. 36. 1.
41.	39. 52. 45.	2. 38. 22.
42.	40. 52. 50.	2. 40. 50.
43.	41. 52. 54.	2. 43. 26.
44.	42. 52. 59.	2. 46. 10.
45.	43. 53. 3.	2. 49. 2.

Haut. de l'Er. pol. D.	Hauteur du Pole. D. M. S.	Déclinaison horisontale. D. M. S.
45.	43. 53. 3.	2. 49. 2.
46.	44. 53. 8.	2. 52. 4.
47.	45. 53. 13.	2. 55. 16.
48.	46. 53. 17.	2. 58. 39.
49.	47. 53. 22.	3. 2. 13.
50.	48. 53. 27.	3. 5. 58.
51.	49. 53. 32.	3. 9. 57.
52.	50. 53. 38.	3. 14. 10.
53.	51. 53. 44.	3. 18. 39.
54.	52. 53. 49.	3. 23. 23.
55.	53. 53. 55.	3. 28. 26.
56.	54. 53. 1.	3. 33. 48.
57.	55. 53. 8.	3. 39. 31.
58.	56. 53. 15.	3. 45. 38.
59.	57. 53. 23.	3. 52. 10.
60.	58. 54. 32.	3. 59. 9.
61.	59. 55. 42.	4. 6. 40.
62.	60. 55. 52.	4. 14. 44.
63.	61. 55. 3.	4. 23. 26.
64.	62. 55. 13.	4. 32. 26.
65.	63. 55. 24.	4. 43. 2.
66.	64. 55. 37.	4. 54. 7.
67.	65. 55. 42.	5. 6. 11.
68.	66. 56. 7.	5. 19. 24.
69.	67. 56. 23.	5. 33. 56.
70.	68. 56. 40.	5. 49. 57.
71.	69. 56. 59.	6. 7. 42.
72.	70. 57. 21.	6. 27. 28.
73.	71. 57. 46.	6. 49. 37.
74.	72. 58. 13.	7. 14. 37.
75.	73. 58. 44.	7. 43. 2.
76.	74. 59. 19.	8. 15. 35.
77.	76. 0. 0.	8. 53. 16.
78.	77. 0. 47.	9. 37. 27.
79.	78. 1. 44.	10. 29. 43.
80.	79. 2. 51.	11. 32. 44.
81.	80. 4. 14.	12. 50. 12.
82.	81. 5. 58.	14. 27. 40.
83.	82. 8. 14.	16. 34. 12.
84.	83. 11. 18.	19. 25. 14.
85.	84. 15. 43.	23. 29. 44.
86.	85. 22. 47.	29. 53. 1
87.	86. 36. 19.	41. 36. 45.
88.	88. 40. 5.	84. 48. 10.
89.		
90.		

Haut. de l'Et. pol. D	Hauteur du Pole. D. M. S.	Déclinaison horifontale. D. M. S.	Haut. de l'Et. pol. D.	Hauteur du Pole. D. M. S.	Déclinaison horifontale. D. M. S.
0.	0. 35. 44	2. 13. 18	45.	44. 26. 49.	3. 8. 33.
1.	0. 24. 18	2. 13. 20	46.	45. 26. 55.	3. 11. 56.
2.	1. 24. 20	2. 13. 24.	47.	46. 27. 1.	3. 15. 30.
3.	2. 24. 23	2. 13. 30.	48.	47. 27. 7.	3. 19. 16.
4.	3. 24. 26	2. 13. 38.	49.	48. 27. 14.	3. 23. 15.
5.	4. 24. 29	2. 13. 48.	50.	49. 27. 21.	3. 27. 27.
6.	5. 24. 32	2. 14. 1	51.	50. 27. 27.	3. 31. 54.
7.	6. 24. 35	2. 14. 17.	52.	51. 27. 34.	3. 36. 36.
8.	7. 24. 38	2. 14. 36.	53.	52. 27. 41.	1. 41. 35.
9.	8. 24. 41	2. 14. 57.	54.	53. 27. 49.	3. 46. 53.
10.	9. 24. 44	2. 15. 21.	55.	54. 27. 58.	3. 52. 31.
11.	10. 24. 46	2. 15. 47.	56.	55. 28. 6.	3. 58. 30.
12.	11. 24. 49	2. 16. 16.	57.	56. 28. 15.	4. 4. 53.
13.	12. 24. 51	2. 16. 48.	58.	57. 28. 25.	4. 11. 42.
14.	13. 24. 54	2. 17. 23.	59.	58. 28. 35	4. 18. 59.
15.	14. 24. 57	2. 18. 0.	60.	59. 28. 45.	4. 26. 47.
16.	15. 25. 0.	2. 18. 40.	61.	60. 28. 56.	4. 35. 10.
17.	16. 25. 3.	2. 19. 23.	62.	61. 29. 8.	4. 44. 11.
18.	17. 25. 7.	2. 20. 9.	63.	62. 29. 21.	4. 53. 53.
19.	18. 25. 10.	2. 20. 58.	64.	63. 29. 34.	5. 4. 23.
20.	19. 25. 13.	2. 21. 51.	65.	64. 29. 49.	5. 15. 46.
21.	20. 25. 16.	2. 22. 47.	66.	65. 30. 5.	5. 28. 8.
22.	21. 25. 19.	2. 23. 46.	67.	66. 30. 22.	5. 41. 37.
23.	22. 25. 22.	2. 24. 49.	68.	67. 30. 41.	5. 56. 22.
24.	23. 25. 25.	2. 25. 55.	69.	68. 31. 2.	6. 12. 35.
25.	24. 25. 28.	2. 27. 5.	70.	69. 31. 24.	6. 30. 28.
26.	25. 25. 32.	2. 28. 19.	71.	70. 31. 48.	6. 50. 18.
27.	26. 25. 35.	2. 29. 37.	72.	71. 32. 14.	7. 12. 23.
28.	27. 25. 39.	2. 30. 59.	73.	72. 32. 45.	7. 37. 8.
29.	28. 25. 42.	2. 32. 25.	74.	73. 33. 19.	8. 5. 4.
30.	29. 25. 46.	2. 33. 56.	75.	74. 33. 56.	8. 36. 50.
31.	30. 25. 50.	2. 35. 31.	76.	75. 34. 43.	9. 13. 13.
32.	31. 25. 54.	2. 37. 12.	77.	76. 35. 34.	9. 55. 22.
33.	32. 25. 58.	2. 38. 57.	78.	77. 36. 32.	10. 44. 44.
34.	33. 26. 2.	2. 40. 48.	79.	78. 37. 42.	11. 43. 19.
35.	34. 26. 6.	2. 42. 45.	80.	79. 39. 7.	12. 53. 57.
36.	35. 26. 10.	2. 44. 47.	81.	80. 40. 50	14. 20. 50.
37.	36. 26. 14.	2. 46. 56.	82.	81. 43. 2.	16. 10. 21.
38.	37. 26. 18.	2. 49. 11.	83.	82. 45. 53.	18. 32. 49.
39.	38. 26. 22.	2. 51. 33.	84.	83. 49. 46.	21. 46. 6.
40.	39. 26. 26.	2. 54. 9.	85.	84. 55. 26.	26. 24. 30.
41.	40. 26. 31.	2. 56. 39.	86.	86. 4. 38.	33. 45. 36.
42.	41. 26. 35.	2. 59. 24.	87.	87. 23. 16.	47. 47. 22.
43.	42. 26. 40.	3. 2. 18.	88.		
44.	43. 26. 44.	3. 5. 21	89.		
45.	44. 26. 49.	3. 8. 33.	90.		

Hauteur

Haut. de l'Eт. pol. D.	D.	M.	S.	D.	M.	S.	Haut. de l'Ét. pol. D.	D.	M.	S.	D.	M.	S.
	Hauteur du Pole.			Déclinaison horisontale.				Hauteur du Pole.			Déclinaison horisontale.		
0.	0.	0.	0.	2.	18.	0.	45.	45.	2.	46.	3.	15.	13.
1.	1.	0.	2.	2.	18.	1.	46.	46.	2.	53.	3.	18.	43.
2.	2.	0.	5.	2.	18.	5.	47.	47.	3.	0.	3.	22.	25.
3.	3.	0.	8.	2.	18.	12.	48.	48.	3.	6.	3.	26.	19.
4.	4.	0.	11.	2.	18.	21.	49.	49.	3.	13.	3.	30.	26
5.	5.	0.	14.	2.	18.	32.	50.	50.	3.	20.	3.	34.	47.
6.	6.	0.	17.	2.	18.	45.	51.	51.	3.	27.	3.	39.	23
7.	7.	0.	20.	2.	19.	2.	52.	52.	3.	35.	3.	44.	15.
8.	8.	0.	23.	2.	19.	21.	53.	53.	3.	42.	3.	49.	25.
9.	9.	0.	26.	2.	19.	43.	54.	54.	3.	50.	3.	54.	54
10.	10.	0.	29.	2.	20.	8.	55.	55.	3.	58.	4.	0	44.
11.	11.	0.	32.	2.	20.	35.	56.	56.	4.	6.	4.	6.	56.
12.	12.	0.	36.	2.	21.	5.	57.	57.	4.	17.	4.	13.	32.
13.	13.	0.	39.	2.	21.	38.	58.	58.	4.	26.	4.	20.	36.
14.	14.	0.	42.	2.	22.	14.	59.	59.	4.	36.	4.	28.	8.
15.	15.	0.	45.	2.	22.	52.	60.	60.	4.	47.	4.	36.	13.
16.	16.	0.	49.	2.	23.	33.	61.	61.	5.	59.	4.	44.	54.
17.	17.	0.	52.	2.	24.	18.	62.	62.	6.	12.	4.	54.	14.
18.	18.	0.	56.	2.	25.	6.	63.	63.	7.	26.	5.	4.	17.
19.	19.	0.	59.	2.	25.	57.	64.	64.	5.	42.	5.	15.	10.
20.	20.	1.	2.	2.	26.	52.	65.	65.	5.	58.	5.	26.	57.
21.	21.	1.	5.	2.	27.	50.	66.	66.	5.	15.	5.	39.	45.
22.	22.	1.	8.	2.	28.	51.	67.	67.	5.	33.	5.	53.	43.
23.	23.	1.	12.	2.	29.	56.	68.	68.	6.	53.	6.	9.	0.
24.	24.	1.	15.	2.	31.	4.	69.	69.	7.	15.	6.	25.	47
25.	25.	1.	18.	2.	32.	16.	70.	70.	7.	39.	6.	44.	18.
26.	26.	1.	22.	2.	33.	33.	71.	71.	8.	5.	7.	4.	51.
27.	27.	1.	25.	2.	34.	54.	72.	72.	8.	34.	7.	27.	43.
28.	28.	1.	29.	2.	36.	19.	73.	73.	9.	6.	7.	53.	22.
29.	29.	1.	33.	2.	37.	48.	74.	74.	9.	42.	8.	22.	18.
30.	30.	1.	37.	2.	39.	22.	75.	75.	10.	24.	8.	55.	12.
31.	31.	1.	41.	2.	41.	1.	76.	76.	11.	12.	9.	32.	56.
32.	32.	1.	45.	2.	42.	45.	77.	77.	12.	6.	10.	16.	36.
33.	33.	1.	49.	2.	44.	34.	78.	78.	13.	10.	11.	7.	46.
34.	34.	1.	53.	2.	46.	29.	79.	79.	14.	26.	12.	8.	20.
35.	35.	1.	57.	2.	48.	30.	80.	80.	15.	56.	13.	21.	46.
36.	36.	2.	2.	2.	50.	36.	81.	81.	17.	47.	14.	51.	54.
37.	37.	2.	6.	2.	52.	49.	82.	82.	20.	8.	16.	45.	34.
38.	38.	2.	11.	2.	55.	9.	83.	83.	23.	13.	19.	13.	36.
39.	39.	2.	15.	2.	57.	36.	84.	84.	27.	25.	22.	34.	40.
40.	40.	2.	20.	3.	0.	11.	85.	85.	33.	33.	27.	20.	25.
41.	41.	2.	25.	3.	2.	54.	86.	86.	43.	36.	35.	7.	20.
42.	42.	2.	30.	3.	5.	44.	87.	88.	4.	0.	50.	4.	8.
43.	43.	2.	35.	3.	8.	44.	88.						
44.	44.	2.	40.	3.	11.	54.	89.						
45.	45.	2.	46.	3.	15.	13.	90.						

N

Haut. de l'Er. pol. D.	Hauteur du Pole. D. M. S.	Déclinaison horisontale. D. M. S.	Haut. de l'Er. pol. D.	Hauteur du Pole. D. M. S.	Déclinaison horisontale. D. M. S.
0.	0. 35. 44.	2. 13. 18.	45.	45. 38. 17.	3. 8. 33.
1.	1. 35. 46.	2. 13. 20.	46.	46. 38. 23.	3. 11. 56.
2.	2. 35. 48.	2. 13. 24.	47.	47. 38. 29.	3. 15. 30.
3.	3. 35. 51.	2. 13. 30.	48.	48. 38. 35.	3. 19. 16.
4.	4. 35. 54.	2. 13. 38.	49.	49. 38. 42.	3. 23. 15.
5.	5. 35. 57.	2. 13. 48.	50.	50. 38. 49.	3. 27. 27.
6.	6. 36. 0.	2. 14. 1.	51.	51. 38. 55.	3. 31. 54.
7.	7. 36. 3.	2. 14. 17.	52.	52. 39. 2.	3. 36. 36.
8.	8. 36. 6.	2. 14. 36.	53.	53. 39. 9.	3. 41. 35.
9.	9. 36. 9.	2. 14. 57.	54.	54. 39. 17.	3. 46. 53.
10.	10. 36. 12.	2. 15. 21.	55.	55. 39. 26.	3. 52. 31.
11.	11. 36. 14.	2. 15. 47.	56.	56. 39. 34.	3. 58. 30.
12.	12. 36. 17.	2. 16. 16.	57.	57. 39. 43.	4. 4. 53.
13.	13. 36. 20.	2. 16. 48.	58.	58. 39. 53.	4. 11. 42.
14.	14. 36. 22.	2. 17. 23.	59.	59. 40. 3.	4. 18. 59.
15.	15. 36. 25.	2. 18. 0.	60.	60. 40. 13.	4. 26. 47.
16.	16. 36. 28.	2. 18. 40.	61.	61. 40. 24.	4. 35. 10.
17.	17. 36. 31.	2. 19. 23.	62.	62. 40. 36.	4. 44. 11.
18.	18. 36. 35.	2. 20. 9.	63.	63. 40. 48.	4. 53. 53.
19.	19. 36. 38.	2. 20. 58.	64.	64. 41. 2.	5. 4. 23.
20.	20. 36. 41.	2. 21. 51.	65.	65. 41. 17.	5. 15. 46.
21.	21. 36. 44.	2. 22. 47.	66.	66. 41. 33.	5. 28. 8.
22.	22. 36. 47.	2. 23. 46.	67.	67. 41. 50.	5. 41. 37.
23.	23. 36. 50.	2. 24. 49.	68.	68. 42. 9.	5. 56. 22.
24.	24. 36. 53.	2. 25. 55.	69.	69. 42. 30.	6. 12. 35.
25.	25. 36. 56.	2. 27. 5.	70.	70. 42. 52.	6. 30. 28.
26.	26. 37. 0.	2. 28. 19.	71.	71. 43. 16.	6. 50. 18.
27.	27. 37. 3.	2. 29. 37.	72.	72. 43. 42.	7. 12. 23.
28.	28. 37. 7.	2. 30. 59.	73.	73. 44. 13.	7. 37. 8.
29.	29. 37. 10.	2. 32. 25.	74.	74. 44. 47.	8. 5. 4.
30.	30. 37. 14.	2. 33. 56.	75.	75. 45. 24.	8. 36. 50.
31.	31. 37. 18.	2. 35. 31.	76.	76. 46. 11.	9. 13. 13.
32.	32. 37. 22.	2. 37. 12.	77.	77. 47. 2.	9. 55. 22.
33.	33. 37. 26.	2. 38. 57.	78.	78. 48. 0.	10. 44. 44.
34.	34. 37. 30.	2. 40. 48.	79.	79. 49. 10.	11. 43. 19.
35.	35. 37. 34.	2. 42. 45.	80.	80. 50. 35.	12. 53. 57.
36.	36. 37. 38.	2. 44. 47.	81.	81. 52. 18.	14. 20. 50.
37.	37. 37. 42.	2. 46. 56.	82.	82. 54. 30.	16. 10. 21.
38.	38. 37. 46.	2. 49. 11.	83.	83. 57. 21.	18. 32. 49.
39.	39. 37. 50.	2. 51. 33.	84.	85. 1. 14.	21. 46. 6.
40.	40. 37. 54.	2. 54. 9.	85.	86. 6. 54.	26. 24. 30.
41.	41. 37. 59.	2. 56. 39.	86.	87. 16. 6.	33. 45. 36.
42.	42. 38. 3.	2. 59. 24.	87.	88. 34. 44.	47. 47. 22.
43.	43. 38. 8.	3. 2. 18.	88.		
44.	44. 38. 12.	3. 5. 21.			
45.	45. 38. 17.	3. 8. 33.			

Haut. de l'Er. pol. D.	Hauteur du Pole. D.	M.	S.	Déclinaison horisontale. D.	M.	S.
0.	1.	9.	3.	1.	59.	30.
1.	2.	9.	5.	1.	59.	32.
2.	3.	9.	7.	1.	59.	35.
3.	4.	9.	9.	1.	59.	40.
4.	5.	9.	11.	1.	59.	48.
5.	6.	9.	13.	1.	59.	58.
6.	7.	9.	15.	2.	0.	10.
7.	8.	9.	17.	2.	0.	24.
8.	9.	9.	20.	2.	0.	41.
9.	10.	9.	22.	2.	1.	0.
10.	11.	9.	25.	2.	1.	21.
11.	12.	9.	27.	2.	1.	44.
12.	13.	9.	29.	2.	2.	9.
13.	14.	9.	32.	2.	2.	37.
14.	15.	9.	34.	2.	3.	9.
15.	16.	9.	36.	2.	3.	43.
16.	17.	9.	39.	2.	4.	19.
17.	18.	9.	41.	2.	4.	57.
18.	19.	9.	44.	2.	5.	39.
19.	20.	9.	46.	2.	6.	24.
20.	21.	9.	49.	2.	7.	11.
21.	22.	9.	51.	2.	8.	1.
22.	23.	9.	54.	2.	8.	54.
23.	24.	9.	56.	2.	9.	50.
24.	25.	9.	59.	2.	10.	49.
25.	26.	10.	1.	2.	11.	52.
26.	27.	10.	4.	2.	12.	58.
27.	28.	10.	7.	2.	14.	8.
28.	29.	10.	9.	2.	15.	21.
29.	30.	10.	12.	2.	16.	38.
30.	31.	10.	15.	2.	18.	0.
31.	32.	10.	18.	2.	19.	26.
32.	33.	10.	21.	2.	20.	56.
33.	34.	10.	25.	2.	22.	31.
34.	35.	10.	28.	2.	24.	10.
35.	36.	10.	31.	2.	25.	54.
36.	37.	10.	34.	2.	27.	44.
37.	38.	10.	37.	2.	29.	38.
38.	39.	10.	41.	2.	31.	40.
39.	40.	10.	44.	2.	33.	47.
40.	41.	10.	47.	2.	36.	1.
41.	42.	10.	51.	2.	38.	22.
42.	43.	10.	56.	2.	40.	50.
43.	44.	11.	0.	2.	43.	26.
44.	45.	11.	5.	2.	46.	10.
45.	46.	11.	9.	2.	49.	2.

Haut. de l'Er. pol. D.	Hauteur du Pole. D.	M.	S.	Déclinaison horisontale. D.	M.	S.
45.	46.	11.	9.	2.	49.	2.
46.	47.	11.	14.	2.	52.	4.
47.	48.	11.	18.	2.	55.	16.
48.	49.	11.	23.	2.	58.	39.
49.	50.	11.	28.	3.	2.	13.
50.	51.	11.	33.	3.	5.	58.
51.	52.	11.	38.	3.	9.	57.
52.	53.	11.	44.	3.	14.	10.
53.	54.	11.	50.	3.	18.	39.
54.	55.	11.	55.	3.	23.	23.
55.	56.	12.	1.	3.	28.	26.
56.	57.	12.	7.	3.	33.	48.
57.	58.	12.	14.	3.	39.	31.
58.	59.	12.	21.	3.	45.	38.
59.	60.	12.	29.	3.	52.	10.
60.	61.	12.	38.	3.	59.	9.
61.	62.	12.	48.	4.	6.	40.
62.	63.	12.	58.	4.	14.	14.
63.	64.	13.	9.	4.	23.	26.
64.	65.	13.	19.	4.	32.	50.
65.	66.	13.	30.	4.	43.	2.
66.	67.	13.	43.	4.	54.	7.
67.	68.	13.	58.	5.	6.	11.
68.	69.	14.	13.	5.	19.	24.
69.	70.	14.	29.	5.	33.	56.
70.	71.	14.	46.	5.	49.	57.
71.	72.	15.	5.	6.	7.	1.
72.	73.	15.	27.	6.	27.	28.
73.	74.	15.	42.	6.	49.	37.
74.	75.	16.	19.	7.	14.	37.
75.	76.	16.	50.	7.	43.	2.
76.	77.	17.	25.	8.	15.	35.
77.	78.	18.	6.	8.	53.	16.
78.	79.	18.	53.	9.	37.	27.
79.	80.	19.	50.	10.	29.	43.
80.	81.	20.	57.	11.	32.	44.
81.	82.	22.	20.	12.	50.	12.
82.	83.	24.	4.	14.	27.	40.
83.	84.	26.	20.	16.	34.	12.
84.	85.	29.	24.	19.	25.	14.
85.	86.	33.	49.	23.	29.	44.
86.	87.	40.	53.	29.	53.	1.
87.	88.	54.	25.	41.	36.	45.
88.	90.	59.	1.	84.	48.	10.

N ij

HEURE IX.

Haut. de l'Er. pol. D.	Hauteur du Pole. D.	M.	S.	Déclinaison horisontale. D.	M.	S.
0.	1.	37.	39.	1.	37.	34.
1.	2.	37.	40.	1.	37.	36
2.	3.	37.	41.	1.	37.	39.
3.	4.	37.	43.	1.	37.	43.
4.	5.	37.	44.	1.	37.	49.
5.	6.	37.	46.	1.	37.	57.
6.	7.	37.	47.	1.	38.	7
7.	8.	37.	49.	1.	38.	18.
8.	9.	37.	50.	1.	38.	31.
9.	10.	37.	52.	1.	38.	46.
10.	11.	37.	53	1.	39.	4.
11.	12.	37.	55.	1.	39.	23.
12.	13.	37.	57.	1.	39.	44.
13.	14.	37.	58.	1.	40.	7
14.	15.	38.	0.	1.	40.	33.
15.	16.	38.	2.	1.	41.	1.
16.	17.	38.	4.	1.	41.	31.
17.	18.	38.	5.	1.	42.	3.
18.	19.	38.	7.	1.	42.	37.
19.	20.	38.	8.	1.	43.	13.
20.	21.	38.	10.	1.	43.	50.
21.	22.	38.	12.	1.	44.	30.
22.	23.	38.	13.	1.	45.	13.
23.	24.	38.	14.	1.	45.	59.
24.	25.	38.	16.	1.	46.	48.
25.	26.	38.	17.	1.	47.	39.
26.	27.	38.	18.	1.	48.	33.
27.	28.	38.	21.	1.	49.	30.
28.	29.	38.	22.	1.	50.	30.
29.	30.	38.	24.	1.	51.	33.
30.	31.	38.	26.	1.	52.	40.
31.	32.	38.	28.	1.	53.	50.
32.	33.	38.	31.	1.	55.	4.
33.	34.	38.	33.	1.	56.	21.
34.	35.	38.	36.	1.	57.	42.
35.	36.	38.	38.	1.	59.	7.
36.	37.	38.	40.	2.	0.	37.
37.	38.	38.	42.	2.	2.	11.
38.	39.	38.	45.	2.	3.	50.
39.	40.	38.	47.	2.	5.	34.
40.	41.	38.	49.	2.	7.	23.
41.	42.	38.	52.	2.	9.	18.
42.	43.	38.	54.	2.	11.	18.
43.	44.	38.	56.	2.	13.	25.
44.	45.	38.	59.	2.	15.	39.
45.	46.	39.	1.	2.	18.	0.

Haut. de l'Er. pol. D.	Hauteur du Pole. D.	M.	S.	Déclinaison horisontale. D.	M.	S.
45	46.	39.	1.	2.	18.	0.
46.	47.	39.	4.	2.	20.	28.
47.	48.	39.	8.	2.	23.	5.
48.	49.	39.	11.	2.	25.	50.
49.	50.	39.	14.	2.	28.	44.
50.	51.	39.	18.	2.	31.	49.
51.	52.	39.	21.	2.	35.	5.
52.	53.	39.	25.	2.	38.	31.
53.	54.	39.	29.	2.	42.	10.
54.	55.	39.	32.	2.	46.	2.
55.	56.	39.	36.	2.	50.	9.
56.	57.	39.	41.	2.	54.	32.
57.	58.	39.	46.	2.	59.	12.
58.	59.	39.	51.	3.	4.	11.
59.	60.	39.	57.	3.	9.	30.
60.	61.	40.	2.	3.	15.	13.
61.	62.	40.	8.	3.	21.	20.
62.	63.	40.	15.	3.	27.	55.
63.	64.	40.	22.	3.	35.	1.
64.	65.	40.	29.	3.	42.	42.
65.	66.	40.	37.	3.	51.	0.
66.	67.	40.	46.	4.	0.	3.
67.	68.	40.	56.	4.	9.	53.
68.	69.	41.	7.	4.	20.	40.
69.	70.	41.	18.	4.	32.	32.
70.	71.	41.	29.	4.	45.	34.
71.	72.	41.	41.	5.	0.	1.
72.	73.	41.	56.	5.	16.	8.
73.	74.	42.	13.	5.	34.	13.
74.	75.	42.	31.	5.	54.	33.
75.	76.	42.	51.	6.	17.	40.
76.	77.	44.	14.	6.	44.	10.
77.	78.	44.	40.	7.	14.	50.
78.	79.	45.	12.	7.	50.	40.
79.	80.	45.	49.	8.	33.	10.
80.	81.	45.	33.	9.	24.	20.
81.	82.	46.	28.	10.	27.	5.
82.	83.	47.	36.	11.	45.	54.
83.	84.	49.	6.	13.	27.	54.
84.	85.	51.	5.	15.	45.	9.
85.	86.	53.	55.	19.	0.	5.
86.	87.	58.	20.	24.	0.	17.
87.	89.	6.	29.	32.	50.	4.
88.				54.	24.	10.

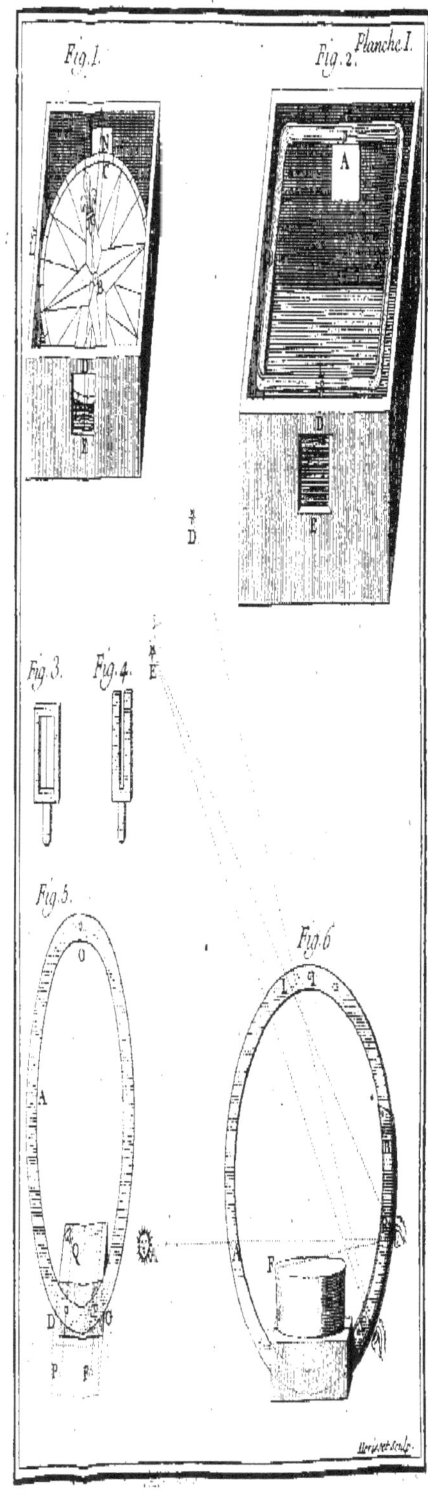

Fig.1.
Fig.2.
Planche.I.
N
A
D
E
D
Fig.3.
Fig.4.
E
Fig.5.
O
A
Q
D
O
P
F
Fig.6.
I q
A
F

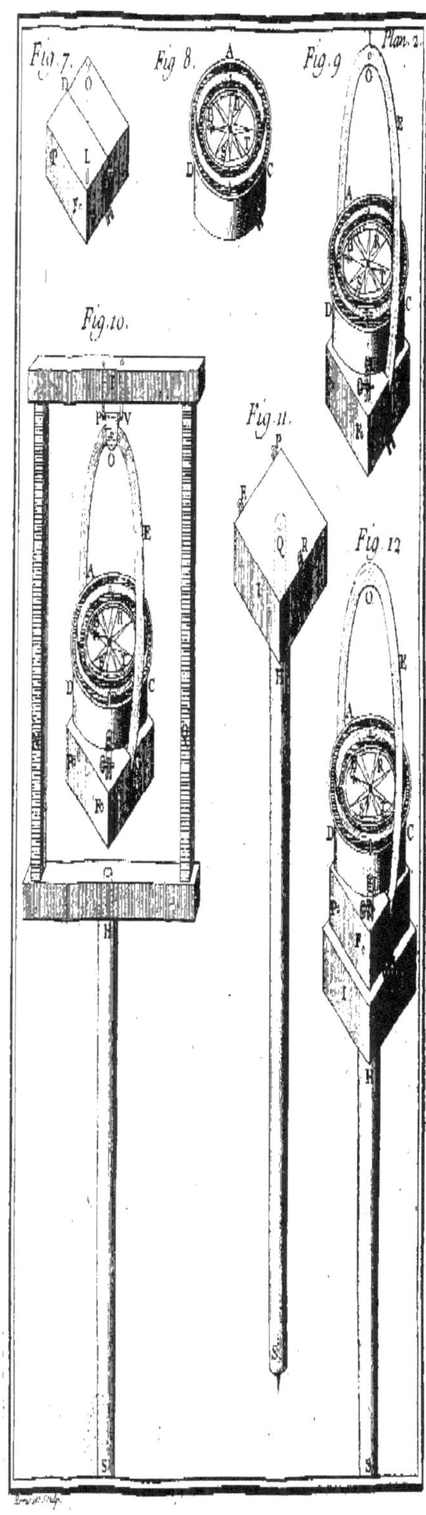

Plan. 2.
Fig. 7.
Fig. 8.
Fig. 9.
Fig. 10.
Fig. 11.
Fig. 12.

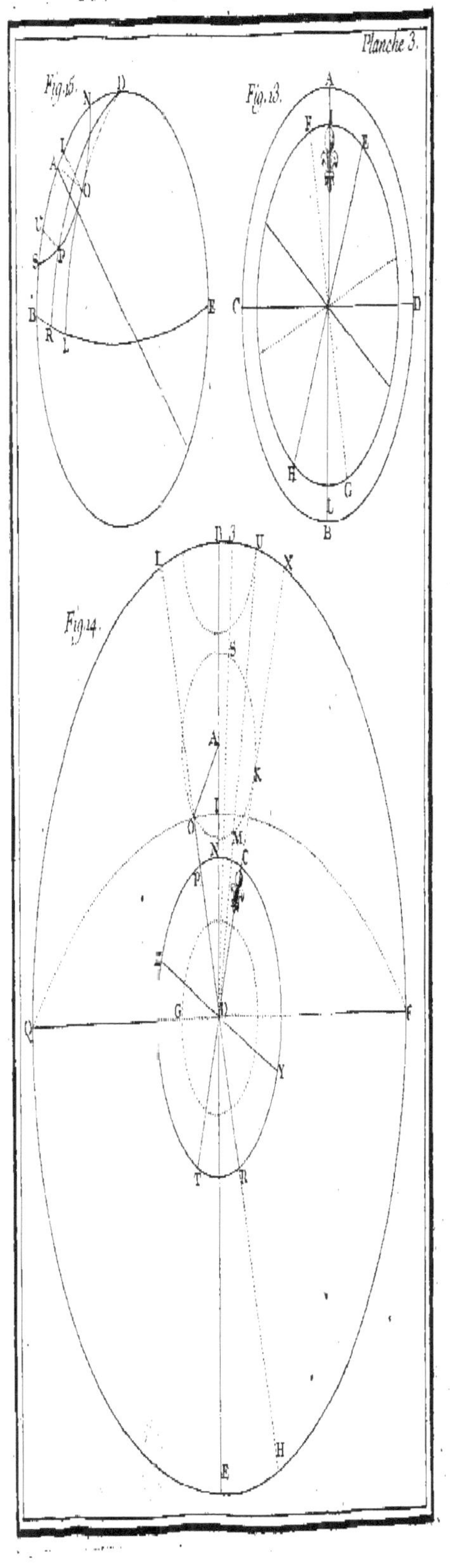
Planche 3.
Fig.15.
Fig.13.
Fig.14.

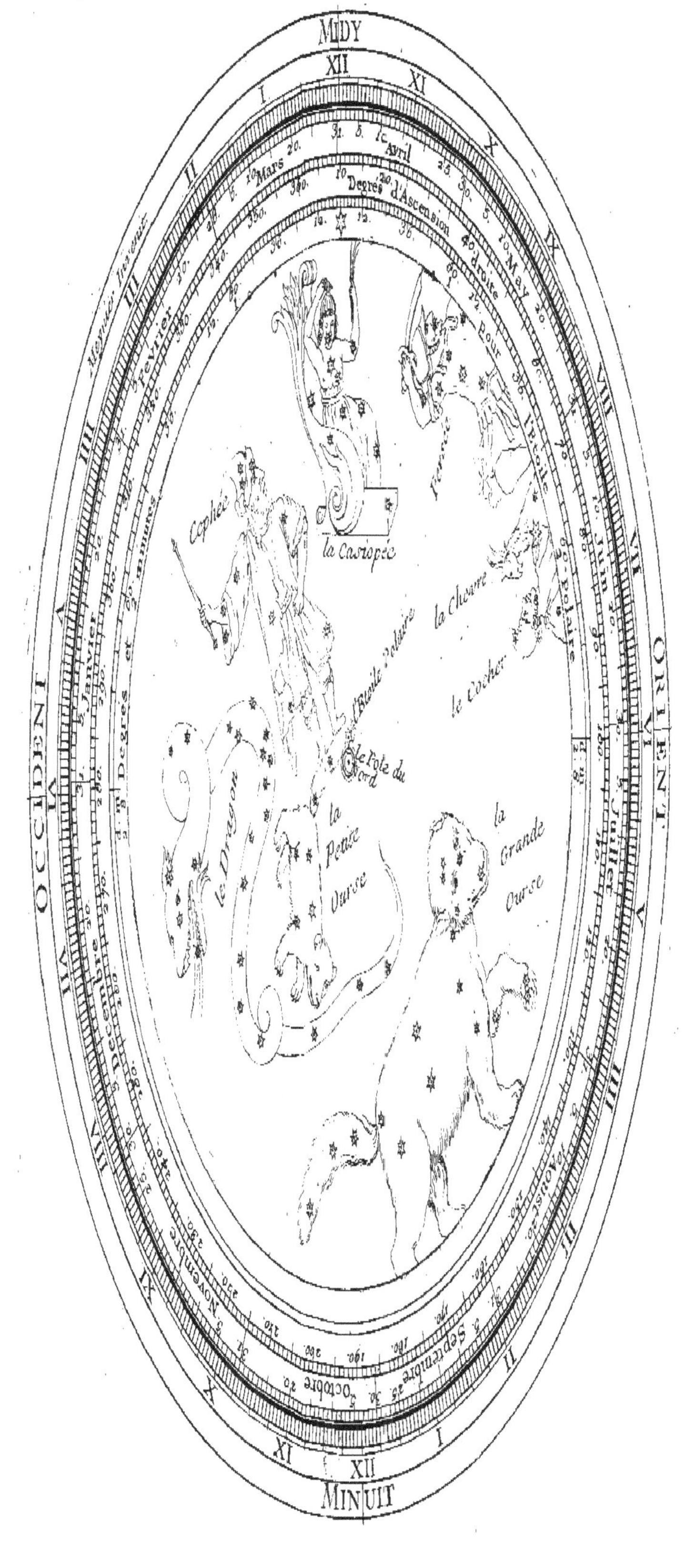

Haut. de l'Et. pol. D.	Hauteur du Pole D.	M.	S.	Déclinaison horisontale D.	M.	S.	Haut. de l'Et. pol. D.	Hauteur du Pole D.	M.	S.	Déclinaison horisontale D.	M.	S.
0.	1.	59.	37.	1.	8.	59.	45.	47.	0.	17.	1.	37.	34.
1.	2.	59.	37.	1.	9.	1.	46.	48.	0.	19.	1.	39.	19.
2.	3.	59.	38.	1.	9.	4.	47.	49.	0.	21.	1.	41.	9.
3.	4.	59.	39.	1.	9.	7.	48.	50.	0.	23.	1.	43.	6.
4.	5.	59.	39.	1.	9.	11.	49.	51.	0.	25.	1.	45.	10.
5.	6.	59.	40.	1.	9.	15.	50.	52.	0.	27.	1.	47.	20.
6.	7.	59.	40.	1.	9.	21.	51.	53.	0.	29.	1.	49.	37.
7.	8.	59.	41.	1.	9.	29.	52.	54.	0.	31.	1.	52.	4.
8.	9.	59.	42.	1.	9.	39.	53.	55.	0.	33.	1.	54.	39.
9.	10.	59.	43.	1.	9.	50.	54.	56.	0.	35.	1.	57.	23.
10.	11.	59.	44.	1.	10.	3.	55.	57.	0.	37.	2.	0.	17.
11.	12.	59.	44.	1.	10.	17.	56.	58.	0.	40.	2.	3.	23.
12.	13.	59.	45.	1.	10.	32.	57.	59.	0.	42.	2.	6.	41.
13.	14.	59.	45.	1.	10.	48.	58.	60.	0.	44.	2.	10.	12.
14.	15.	59.	46.	1.	11.	6.	59.	61.	0.	47.	2.	13.	58.
15.	16.	59.	47.	1.	11.	25.	60.	62.	0.	49.	2.	18.	0.
16.	17.	59.	47.	1.	11.	45.	61.	63.	0.	52.	2.	22.	20.
17.	18.	59.	48.	1.	12.	7.	62.	64.	0.	55.	2.	26.	59.
18.	19.	59.	49.	1.	12.	31.	63.	65.	0.	59.	2.	32.	0.
19.	20.	59.	50.	1.	12.	57.	64.	66.	1.	3.	2.	37.	29.
20.	21.	59.	51.	1.	13.	25.	65.	67.	1.	7.	2.	43.	17.
21.	22.	59.	52.	1.	13.	54.	66.	68.	1.	11.	2.	49.	40.
22.	23.	59.	53.	1.	14.	25.	67.	69.	1.	16.	2.	56.	37.
23.	24.	59.	54.	1.	14.	57.	68.	70.	1.	21.	3.	4.	14.
24.	25.	59.	55.	1.	15.	31.	69.	71.	1.	27.	3.	12.	36.
25.	26.	59.	57.	1.	16.	7.	70.	72.	1.	32.	3.	21.	48.
26.	27.	59.	58.	1.	16.	45.	71.	73.	1.	38.	3.	32.	1.
27.	28.	59.	59.	1.	17.	25.	72.	74.	1.	45.	3.	43.	23.
28.	30.	0.	0.	1.	18.	8.	73.	75.	1.	53.	3.	56.	7.
29.	31.	0.	1.	1.	18.	53.	74.	76.	2.	2.	4.	10.	30.
30.	32.	0.	2.	1.	19.	40.	75.	77.	2.	13.	4.	26.	47.
31.	33.	0.	3.	1.	20.	29.	76.	78.	2.	25.	4.	45.	29.
32.	34.	0.	4.	1.	21.	21.	77.	79.	2.	38.	5.	7.	4.
33.	35.	0.	5.	1.	22.	16.	78.	80.	2.	53.	5.	32.	19.
34.	36.	0.	6.	1.	23.	13.	79.	81.	3.	11.	6.	2.	11
35.	37.	0.	7.	1.	24.	13.	80.	82.	3.	33.	6.	38.	8.
36.	38.	0.	7.	1.	25.	16.	81.	83.	4.	0.	7.	22.	11.
37.	39.	0.	8.	1.	26.	23.	82.	84.	4.	34.	8.	17.	23.
38.	40.	0.	9.	1.	27.	33.	83.	85.	5.	18.	9.	28.	38.
39.	41.	0.	10.	1.	28.	47.	84.	86.	6.	16.	11.	4.	4.
40.	42.	0.	11.	1.	30.	4.	85.	87.	7.	39.	13.	18.	38.
41.	43.	0.	12.	1.	31.	25.	86.	88.	9.	44.	16.	43.	5.
42.	44.	0.	13.	1.	32.	50.	87.	89.	13.	9.	22.	32.	42.
43.	45.	0.	14.	1.	34.	20.	88.	90.	21.	23.	35.	5.	53.
44.	46.	0.	15.	1.	35.	54.							
45.	47.	0.	17.	1.	37.	34.							

Haut. de l'Er. pol. D.	Hauteur du Pole. D. M. S.	Déclinaison horisontale. D. M. S.	Haut. de l'Er. pol. D.	Hauteur du Pole. D. M. S.	Déclinaison horisontale. D. M. S.
0.	2. 13. 19.	0. 35. 42.	45.	47. 13. 30.	0. 50. 30.
1.	3. 13. 19.	0. 35. 43.	46.	48. 13. 31.	0. 51. 24.
2.	4. 13. 19.	0. 35. 44.	47.	49. 13. 32.	0. 52. 21.
3.	5. 13. 19.	0. 35. 46.	48.	50. 13. 32.	0. 53. 22.
4.	6. 13. 19.	0. 35. 48.	49.	51. 13. 33.	0. 54. 26.
5.	7. 13. 20.	0. 35. 51.	50.	52. 13. 34.	0. 55. 33.
6.	8. 13. 20.	0. 35. 56.	51.	53. 13. 34.	0. 56. 44.
7.	9. 13. 20.	0. 36. 1.	52.	54. 13. 34.	0. 58. 0.
8.	10. 13. 20.	0. 36. 6.	53.	55. 13. 34.	0. 59. 21.
9.	11. 13. 20.	0. 36. 11.	54.	56. 13. 34.	1. 1. 46.
10.	12. 13. 20.	0. 36. 16.	55.	57. 13. 34.	1. 2. 16.
11.	13. 13. 21.	0. 36. 22.	56.	58. 13. 35.	1. 3. 51.
12.	14. 13. 21.	0. 36. 29.	57.	59. 13. 35.	1. 5. 24.
13.	15. 13. 21.	0. 36. 38.	58.	60. 13. 36.	1. 7. 23.
14.	16. 13. 22.	0. 36. 48.	59.	61. 13. 36.	1. 9. 19.
15.	17. 13. 22.	0. 36. 58.	60.	62. 13. 37.	1. 11. 25.
16.	18. 13. 22.	0. 37. 9.	61.	63. 13. 38.	1. 13. 40.
17.	19. 13. 23.	0. 37. 21.	62.	64. 13. 39.	1. 16. 4.
18.	20. 13. 23.	0. 37. 33.	63.	65. 13. 40.	1. 18. 40.
19.	21. 13. 23.	0. 37. 46.	64.	66. 13. 41.	1. 21. 28.
20.	22. 13. 24.	0. 38. 0.	65.	67. 13. 43.	1. 24. 30.
21.	23. 13. 24.	0. 38. 14.	66.	68. 13. 44.	1. 27. 48.
22.	24. 13. 24.	0. 38. 29.	67.	69. 13. 45.	1. 31. 24.
23.	25. 13. 24.	0. 38. 46.	68.	70. 13. 47.	1. 35. 19.
24.	26. 13. 24.	0. 39. 4.	69.	71. 13. 48.	1. 39. 39.
25.	27. 13. 24.	0. 39. 24.	70.	72. 13. 50.	1. 44. 25.
26.	28. 13. 25.	0. 39. 44.	71.	73. 13. 52.	1. 49. 41.
27.	29. 13. 25.	0. 40. 5.	72.	74. 13. 54.	1. 55. 34.
28.	30. 13. 25.	0. 40. 27.	73.	75. 13. 56.	2. 2. 10.
29.	31. 13. 25.	0. 40. 50.	74.	76. 13. 59.	2. 9. 35.
30.	32. 13. 25.	0. 41. 14.	75.	77. 14. 1.	2. 18. 0.
31.	33. 13. 25.	0. 41. 39.	76.	78. 14. 4.	2. 27. 39.
32.	34. 13. 26.	0. 42. 6.	77.	79. 14. 7.	2. 38. 50.
33.	35. 13. 26.	0. 42. 34.	78.	80. 14. 11.	2. 51. 49.
34.	36. 13. 26.	0. 43. 4.	79.	81. 14. 16.	3. 7. 14.
35.	37. 13. 26.	0. 43. 36.	80.	82. 14. 22.	3. 25. 45.
36.	38. 13. 26.	0. 44. 9.	81.	83. 14. 29.	3. 48. 26.
37.	39. 13. 27.	0. 44. 43.	82.	84. 14. 38.	4. 16. 48.
38.	40. 13. 27.	0. 45. 19.	83.	85. 14. 49.	
39.	41. 13. 27.	0. 45. 57.	84.	86. 15. 5.	
40.	42. 13. 27.	0. 46. 37.	85.	87. 15. 26.	
41.	43. 13. 28.	0. 47. 19.	86.	88. 15. 59.	
42.	44. 13. 29.	0. 48. 3.	87.	89. 16. 53.	
43.	45. 13. 29.	0. 48. 50.	88.	90. 18. 45.	
44.	46. 13. 30.	0. 49. 39.	89.	91. 25. 6.	
45.	47. 13. 30.	0. 50. 30.			

Haut. de l'Et. pol. D.	Hauteur du Pole D. M. S.	Déclinaison horisontale D. M. S.	Haut. de l'Et. pol. D.	Hauteur du Pole D. M. S.	Déclinaison horisontale D. M. S.
0.	2. 18. 0.	0. 0. 0.	45.	47. 18. 0.	0. 0. 0.
1.	3. 18. 0.	0. 0. 0.	46.	48. 18. 0.	0. 0. 0.
2.	4. 18. 0.	0. 0. 0.	47.	49. 18. 0.	0. 0. 0.
3.	5. 18. 0.	0. 0. 0.	48.	50. 18. 0.	0. 0. 0.
4.	6. 18. 0.	0. 0. 0.	49.	51. 18. 0.	0. 0. 0.
5.	7. 18. 0.	0. 0. 0.	50.	52. 18. 0.	0. 0. 0.
6.	8. 18. 0.	0. 0. 0.	51.	53. 18. 0.	0. 0. 0.
7.	9. 18. 0.	0. 0. 0.	52.	54. 18. 0.	0. 0. 0.
8.	10. 18. 0.	0. 0. 0.	53.	55. 18. 0.	0. 0. 0.
9.	11. 18. 0.	0. 0. 0.	54.	56. 18. 0.	0. 0. 0.
10.	12. 18. 0.	0. 0. 0.	55.	57. 18. 0.	0. 0. 0.
11.	13. 18. 0.	0. 0. 0.	56.	58. 18. 0.	0. 0. 0.
12.	14. 18. 0.	0. 0. 0.	57.	59. 18. 0.	0. 0. 0.
13.	15. 18. 0.	0. 0. 0.	58.	60. 18. 0.	0. 0. 0.
14.	16. 18. 0.	0. 0. 0.	59.	61. 18. 0.	0. 0. 0.
15.	17. 18. 0.	0. 0. 0.	60.	62. 18. 0.	0. 0. 0.
16.	18. 18. 0.	0. 0. 0.	61.	63. 18. 0.	0. 0. 0.
17.	19. 18. 0.	0. 0. 0.	62.	64. 18. 0.	0. 0. 0.
18.	20. 18. 0.	0. 0. 0.	63.	65. 18. 0.	0. 0. 0.
19.	21. 18. 0.	0. 0. 0.	64.	66. 18. 0.	0. 0. 0.
20.	22. 18. 0.	0. 0. 0.	65.	67. 18. 0.	0. 0. 0.
21.	23. 18. 0.	0. 0. 0.	66.	68. 18. 0.	0. 0. 0.
22.	24. 18. 0.	0. 0. 0.	67.	69. 18. 0.	0. 0. 0.
23.	25. 18. 0.	0. 0. 0.	68.	70. 18. 0.	0. 0. 0.
24.	26. 18. 0.	0. 0. 0.	69.	71. 18. 0.	0. 0. 0.
25.	27. 18. 0.	0. 0. 0.	70.	72. 18. 0.	0. 0. 0.
26.	28. 18. 0.	0. 0. 0.	71.	73. 18. 0.	0. 0. 0.
27.	29. 18. 0.	0. 0. 0.	72.	74. 18. 0.	0. 0. 0.
28.	30. 18. 0.	0. 0. 0.	73.	75. 18. 0.	0. 0. 0.
29.	31. 18. 0.	0. 0. 0.	74.	76. 18. 0.	0. 0. 0.
30.	32. 18. 0.	0. 0. 0.	75.	77. 18. 0.	0. 0. 0.
31.	33. 18. 0.	0. 0. 0.	76.	78. 18. 0.	0. 0. 0.
32.	34. 18. 0.	0. 0. 0.	77.	79. 18. 0.	0. 0. 0.
33.	35. 18. 0.	0. 0. 0.	78.	80. 18. 0.	0. 0. 0.
34.	36. 18. 0.	0. 0. 0.	79.	81. 18. 0.	0. 0. 0.
35.	37. 18. 0.	0. 0. 0.	80.	82. 18. 0.	0. 0. 0.
36.	38. 18. 0.	0. 0. 0.	81.	83. 18. 0.	0. 0. 0.
37.	39. 18. 0.	0. 0. 0.	82.	84. 18. 0.	0. 0. 0.
38.	40. 18. 0.	0. 0. 0.	83.	85. 18. 0.	0. 0. 0.
39.	41. 18. 0.	0. 0. 0.	84.	86. 18. 0.	0. 0. 0.
40.	42. 18. 0.	0. 0. 0.	85.	87. 18. 0.	0. 0. 0.
41.	43. 18. 0.	0. 0. 0.	86.	88. 18. 0.	0. 0. 0.
42.	44. 18. 0.	0. 0. 0.	87.	89. 18. 0.	0. 0. 0.
43.	45. 18. 0.	0. 0. 0.			
44.	46. 18. 0.	0. 0. 0.			
45.	47. 18. 0.	0. 0. 0.			

L'heure qui eſt marquée au deſſus de cette table eſt l'inⁱ
tervale de tems, qui eſt entre l'obſervation & le paſſage de
l'étoile polaire par le meridien dans la partie ſuperieure de
ſon cercle ou parallele.

Et à la premiere colone ſont marqués les degrés de la
hauteur de l'étoile polaire, depuis l'horiſon juſqu'au Zenith. A la ſeconde ſont marqués les degrés de la hauteur du
Pole, qui répondent aux degrés de la hauteur de l'étoile polaire; & à la troiſiéme ſont les degrés de la déclinaiſon horiſontale de l'étoile polaire, qui conviennent aux degrés de
la hauteur de l'étoile polaire.

E X E M P L E.

Soit la hauteur de l'étoile polaire obſervée de 50 degrés,
quatre heures avant ou après ſon paſſage par le meridien dans
la partie ſuperieure de ſon cercle, l'on trouvera dans la table
au ſommet de laquelle eſt *heure* IV. vis-à-vis de 50 degrés d'hauteur de l'étoile polaire, la hauteur du Pole du
lieu où l'on a fait l'obſervation de 48ᵈ. 53′. 27″. & la déclinaiſon horiſontale de l'étoile polaire de 3ᵈ. 5′. 58″.

Cette table eſt calculée ſur la ſuppoſition que l'étoile polaire eſt éloignée du Pole de 2ᵈ. degrés 18. minutes, comme elle l'eſt dans l'année 1700; mais parce que le mouvement propre de cette étoile en longitude, qui ſe fait autour
du Pole de l'écliptique, en raiſon de 51 ſecondes de degré
par année, la fait approcher du Pole du monde d'environ
20 ſecondes par an, j'ai calculé une autre table de 10 en
10 degrés, depuis 0, juſqu'à 80 en ſuppoſant la diſtance
de l'étoile polaire au Pole de 1ᵈ. 58′. 0″. comme elle ſera
dans l'année 1760.

L'on pourra par le moyen de cette table & de la précedente trouver avec aſſés d'éxactitude la hauteur du Pole, &
la déclinaiſon horiſontale de l'étoile polaire, depuis l'année 1700 juſqu'à 1760, en prenant vis-à-vis la dixaine, qui
précede, ou qui ſuit le degré de la hauteur obſervée de

l'étoile polaire, la difference qu'il y a entre les hauteurs du
Pole, & les déclinaiſons correſpondantes, dont l'on cher-
chera la partie proportionelle qui convient aux années, qui
ſe ſont écoulées depuis 1700, pour l'adjouter ou retrancher aux degrés qui ſont marquez à la premiere table vis-à-
vis de la hauteur de l'étoile polaire, ſelon que la hauteur du
Pole, & la déclinaiſon horiſontale augmente, ou diminuë
dans cette intervale.

E X E M P L E.

Soit la hauteur de l'étoile polaire obſervée de 51 degrés
l'an 1710, trois heures avant ou après ſon paſſage par le meridien dans la partie ſuperieure de ſon parallele, il faut
prendre dans la table précedente ſous *l'heure III.* vis-à-vis
de 50 degrés d'hauteur de l'étoile polaire, la hauteur du
Pole correſpondante, qui eſt de 48ᵈ. 24'. 0". & dans la table
qui ſuit ſous la même heure, la hauteur du Pole, qui
convient à cinquante degrés d'hauteur de l'étoile polaire,
que l'on trouvera de 48ᵈ. 37'. 45". La difference entre ces
deux hauteurs eſt de 13 minutes 45 ſecondes, qui étant
diviſées par 60, qui eſt la difference de l'époque de ces deux
tables, donne 13 ſecondes 45 tierces de variation annuelle, donc pour dix ans qui ſe ſont écoulés depuis 1700 juſqu'à 1710, l'on a 2 minutes 17 ſecondes, qui étant adjou-
tées à 49ᵈ. 24'. 3". hauteur du Pole, qui convient à la hauteur de l'étoile polaire de 51 degrés ſous *l'heure III.* de la
table précedente, donneront 49ᵈ. 26'. 20". pour la hauteur
du Pole du lieu où l'on fait l'obſervation.

Il faut faire la même opération pour trouver la déclinaiſon
horiſontale.

O iij

T A B L E des Hauteurs du Pole & des Déclinaiſons Horiſontales de l'Etoile Polaire à toutes les heures du jour pour l'année 1760.

HEURE O.

Haut. de l'ét. pol.	Hauteur du Pole.	Déclinaiſ. horiſont.
D.	D. M. S.	D. M. S.
0.	1. 58. 0.	0. 0. 0.
10.	8. 2. 0.	0. 0. 0.
20.	18. 2. 0.	0. 0. 0.
30.	28. 2. 0.	0. 0. 0.
40.	38. 2. 0.	0. 0. 0.
50.	48. 2. 0.	0. 0. 0.
60.	58. 2. 0.	0. 0. 0.
70.	68. 2. 0.	0. 0. 0
80.	78. 2. 0.	0. 0. 0.

HEURE I.

Haut. de l'ét. pol.	Hauteur du Pole.	Déclinaiſ. horiſont.
D.	D. M. S.	D. M. S.
0.	1. 53. 59.	0. 30. 32.
10.	8. 6. 3.	0. 31. 0.
20.	18. 6. 5.	0. 32. 30.
30.	28. 6. 5.	0. 35. 15.
40.	38. 6. 7.	0. 39. 52.
50.	48. 6. 11.	0. 47. 30.
60.	58. 6. 15.	1. 1. 4.
70.	68. 6. 23.	1. 29. 17.
80.	78. 6. 44.	1. 55. 55.

HEURE II.

Haut. de l'ét. pol.	Hauteur du Pole.	Déclinaiſ. horiſont.
D.	D. M. S.	D. M. S.
0.	1. 42. 15.	0. 58. 59.
10.	8. 17. 51.	0. 59. 54.
20.	18. 17. 56.	1. 2. 47.
30.	28. 18. 4.	1. 8. 7.
40.	38. 18. 10.	1. 17. 1.
50.	48. 18. 21.	1. 31. 47.
60.	58. 18. 38.	1. 58. 0.
70.	68. 19. 10.	2. 52. 33.
80.	78. 20. 38.	5. 40. 15.

HEURE III.

Haut. de l'ét. pol.	Hauteur du Pole.	Déclinaiſ. horiſont.
D.	D. M. S.	D. M. S.
0.	1. 23. 27.	1. 23. 26.
10.	8. 36. 44.	1. 24. 43.
20.	18. 36. 55.	1. 28. 47.
30.	28. 37. 8.	1. 36. 20.
40.	38. 37. 23.	1. 48. 55.
50.	48. 37. 45.	2. 9. 49.
60.	58. 38. 18.	2. 46. 54.
70.	68. 39. 21.	4. 4. 7.
80.	78. 42. 11.	8. 1. 59.

HEURE IV.

Haut. de l'ét. pol.	Hauteur du Pole.	Déclinaiſ. horiſont.
D.	D. M. S.	D. M. S.
0.	0. 59. 1.	1. 42. 11.
10.	9. 1. 16.	1. 43. 47
20.	19. 1. 33.	1. 48. 45.
30.	29. 1. 52.	1. 58. 0
40.	39. 2. 16.	2. 13. 24
50.	49. 2. 47.	2. 39. 1.
60.	59. 3. 33.	3. 24. 28.
70.	69. 5. 11.	4. 59. 6.
80.	79. 8. 40.	9. 51. 17.

HEURE V.

Haut. de l'ét. pol.	Hauteur du Pole.	Déclinaiſ. horiſont.
D.	D. M. S.	D. M. S.
0.	0. 30. 33.	1. 53. 59.
10.	9. 29. 47.	1. 55. 44.
20.	19. 30. 9	2. 1. 18.
30.	29. 30. 33.	2. 11. 37.
40.	39. 31. 2.	2. 28. 48.
50.	49. 31. 43.	2. 57. 22.
60.	59. 2. 44.	3. 48. 5.
70.	69. 34. 40.	5. 33. 42.
80.	79. 10. 16.	11. 0. 18.

HEURE VI.

Haut. de l'ét. pol.	Hauteur du Pole.	Déclinaiſ. horiſont.
D.	D. M. S.	D. M. S.
0.	0. 0. 0.	1. 58. 0.
10.	10. 0. 22.	1. 59. 49.
20.	20. 0. 45.	2. 5. 35.
30.	30. 1. 10.	2. 16. 16.
40.	40. 1. 42.	2. 34. 3.
50.	50. 2. 26.	3. 3. 38.
60.	60. 3. 31.	3. 56. 8.
70.	70. 5. 36.	5. 45. 31.
80.	80. 11. 36.	11. 23. 54.

HEURE VII.

Haut. de l'ét. pol.	Hauteur du Pole.	Déclinaiſ. horiſont.
D.	D. M. S	D. M. S.
0.	0. 30. 33.	1. 53. 59.
10.	10. 30. 53.	1. 55. 44.
20.	20. 31. 15.	2. 1. 18.
30.	30. 31. 39.	2. 11. 37.
40.	40. 32. 8.	2. 28. 48.
50.	50. 32. 49.	2. 57. 22.
60.	60. 33. 50.	3. 48. 5.
70.	70. 35. 46.	5. 33. 42.
80.	80. 41. 2.	11. 0. 18.

HEURE VIII.

Haut. de l'ét. pol.	Hauteur du Pole	Déclinaiſ. horiſont.
D.	D. M. S.	D. M. S.
0.	0. 59. 1.	1. 42. 11.
10.	10. 59. 18.	1. 43. 47.
20.	20. 59. 35.	1. 48. 45.
30.	30. 59. 54.	1. 58. 0.
40.	41. 0. 18.	2. 13. 24.
50.	51. 0. 49.	2. 39. 1.
60.	61. 1. 39.	3. 24. 28.
70.	71. 3. 13.	4. 59. 6.
80.	81. 7. 42.	9. 51. 17.

HEURE IX.   HEURE X.   HEURE XI.

Haut. de l'ét. pol. D.	Hauteur du Pole. D. M. S.	Déclinaif. horifont. D. M. S.	Haut. de l'ét. pol. D.	Hauteur du Pole. D. M. S.	Déclinaif. horifont. D. M. S.	Haut. de l'ét. pol. D.	Hauteur du Pole D. M. S.	Déclinaif. horifont. D. M. S.
0.	1. 23. 27.	1. 23. 26.	0.	1. 42. 15.	0. 58. 59.	0.	1. 53. 59.	0. 30. 42.
10.	11. 23. 38.	1. 24. 43.	10.	11. 42. 21.	0. 59. 54.	10.	11. 54. 1.	0. 31. 0.
20.	21. 23. 49.	1. 28. 47.	20.	21. 42. 26.	1. 2. 47.	20.	21. 54. 3.	0. 32. 30.
30.	31. 24. 2.	1. 36. 20.	30.	31. 42. 34.	1. 8. 7.	30.	31. 54. 3.	0. 35. 15.
40.	41. 24. 17.	1. 48. 55.	40.	41. 42. 40.	1. 17. 1.	40.	41. 54. 5.	0. 39. 52.
50.	51. 24. 39.	2. 9. 49.	50.	51. 42. 51.	1. 31. 47.	50.	51. 54. 9.	0. 47. 30.
60.	61. 25. 12.	2. 46. 54.	60.	61. 43. 8.	1. 58. 0.	60.	61. 54. 13.	1. 1. 14.
70.	71. 26. 15.	4. 4. 7.	70.	71. 43. 10.	2. 52. 33.	70.	71. 54. 21.	1. 29. 17.
80.	81. 29. 13.	8. 1. 59.	80.	81. 45. 8.	5. 40. 15.	80.	81. 54. 42.	2. 55. 55.

HEURE XII.

Haut. de l'ét. pol. D.	Hauteur du Pole. D. M. S.	Déclinaif. horifont. D. M. S.
0.	1. 58. 0.	0. 0. 0.
10.	11. 58. 0.	0. 0. 0.
20.	21. 58. 0.	0. 0. 0.
30.	31. 58. 0.	0. 0. 0.
40.	41. 58. 0.	0. 0. 0.
50.	51. 58. 0.	0. 0. 0.
60.	61. 58. 0.	0. 0. 0.
70.	71. 58. 0.	0. 0. 0.
80.	81. 58. 0.	0. 0. 0.

APPROBATION.

J'Ai lû par ordre de Monseigneur le Garde des Sceaux, *un Mémoire sur la meilleure maniere d'observer sur Mer la Variation de la Boussole.* L'Auteur de ce Traité, dont la premiere Partie a été déja approuvée par l'Académie Royale des Sciences, y a fait une addition qui contient l'usage d'un Planisphere de son invention avec des Tables, que j'ai jugé utile dans la pratique de la Navigation. Fait à Paris ce vingt-neuf Décembre mil sept cent trente-un.

Signé, CASSINI.

PERMISSION DU ROY.

LOUIS, par la grace de Dieu, Roi de France & de Navarre, à nos amez & féaux Conseillers les gens tenans nos Cours de Parlement, Maîtres des Requêtes ordinaires de notre Hôtel, Grand Conseil, Prévôt de Paris, Baillifs, Sénéchaux, leurs Lieutenans-Civils, & autres nos Justiciers qu'il appartiendra, SALUT. Notre bien-amé JACQUES GUERIN, Imprimeur-Libraire à Paris, Nous ayant fait supplier de lui accorder nos Lettres de Permission pour l'impression d'un *Mémoire touchant la meilleure Méthode d'observer sur Mer la Déclinaison de l'Eguille Aimantée, ou la Variation de la Boussole,* offrant pour cet effet de l'imprimer ou faire imprimer en bon papier & beaux caracteres suivant la feüille imprimée & attachée pour modelle sous le contre-scel des Présentes. Nous lui avons permis & permettons par ces Présentes d'imprimer ou faire imprimer ledit livre ci-dessus specifié conjointement ou séparément, & autant de fois que bon lui semblera, & de le vendre, faire vendre & débiter par tout notre Roïaume pendant le tems de *trois années* consécutives, à compter du jour de la date desdites Présentes. Faisons défenses à tous Imprimeurs, Libraires & autres personnes de quelque qualité & condition qu'elles soient, d'en introduire d'impression étrangere dans aucun lieu de notre obéïssance ; à la charge que ces Présentes seront enregistrées tout au long sur le Registre de la Communauté des Imprimeurs & Libraires de Paris dans trois mois de la datte d'icelles ; que l'impression de ce Livre sera faite dans notre Roïaume, & non ailleurs, & que l'Impetrant se conformera aux Reglemens de la Librairie, & notamment à celui du 10. Avril 1725. & qu'avant que de l'exposer en vente, le manuscrit ou imprimé qui aura servi de copie à l'impression dudit Livre, sera remis dans le même état où l'approbation y aura été donnée ès mains de notre très-cher & Féal Chevalier Garde des Sceaux de France le sieur Chauvelin, & qu'il en sera ensuite remis deux exemplaires dans notre Bibliotheque publique, un dans celle de notre Château du Louvre, & un dans celle de notredit très-cher & feal Chevalier Garde des Sceaux de France le sieur Chauvelin ; le tout à peine de nullité des Présentes. Du contenu desquelles vous mandons & enjoignons de faire joüir l'Exposant ou ses aïant cause pleinement & paisiblement, sans souffrir qu'il leur soit fait aucun trouble ou empêchement. Voulons qu'à la copie desdites Présentes qui sera imprimée tout au long au commencement ou à la fin dudit Livre, foi soit ajoûtée comme à l'original. Commandons au premier notre Huissier ou Sergent de faire pour l'exécution d'icelles tous actes requis & nécessaires, sans demander autre permission, & nonobstant clameur de Haro, Chartre Normande, & Lettres à ce contraires. Car tel est notre plaisir. Donné à Paris le vingt-deuxiéme jour du mois de Février l'an de grace mil sept cens trente deux, & de notre Regne le dix-septiéme. Par le Roi en son Conseil. *Signé* SAINSON.

Registré sur le Registre VIII. de la Chambre Royale des Libraires & Imprimeurs de Paris N°. 314. fol. 300. conformément aux anciens Reglemens, confirmés par celui du 28. Février 1723. A Paris, ce vingt-trois Février mil sept cens trente-deux.
Signé, P. A. LE MERCIER, *Syndic,*

www.ingramcontent.com/pod-product-compliance
Lightning Source LLC
LaVergne TN
LVHW011442180726
843503LV00003BA/958